普通高等学校规划教材

AutoCAD 制图

肖晴　主编

U0300938

化学工业出版社

·北京·

内容简介

《AutoCAD 制图》全书共分为 9 个项目，分别为 AutoCAD 2020 的安装及基本操作、二维图形绘制命令、二维图形编辑命令、标注命令、图层与图块、建筑施工图绘制、园林设计平面图绘制、室内设计施工图绘制、图形打印与输出。内容设计依据计算机辅助设计相关职业岗位技能需求，以学生能力提升为目的，采用适合高校教学特点的"任务驱动法"，结合案例进行教学，融入课程思政元素，配有操作视频二维码，注重实践教学。

《AutoCAD 制图》可作为高等院校建筑类、设计学类专业（涉及建筑学、城乡规划、风景园林、艺术设计学、环境设计、视觉传达设计、工业设计等各相关专业）的师生教学用书，还可作为土建类相关专业的教材以及相关专业工作者的参考书和培训教材。

图书在版编目（CIP）数据

AutoCAD 制图/肖晴主编.—北京：化学工业出版社，2022.1（2022.11 重印）

普通高等学校规划教材

ISBN 978-7-122-40232-5

Ⅰ.①A… Ⅱ.①肖… Ⅲ.①AutoCAD 软件-高等学校-教材　Ⅳ.①TP391.72

中国版本图书馆 CIP 数据核字（2021）第 227049 号

责任编辑：尤彩霞　　　　　　　　　　　装帧设计：关　飞
责任校对：王鹏飞

出版发行：化学工业出版社（北京市东城区青年湖南街 13 号　邮政编码 100011）
印　　刷：三河市航远印刷有限公司
装　　订：三河市宇新装订厂
787mm×1092mm　1/16　印张 9¼　字数 224 千字　2022 年 11 月北京第 1 版第 2 次印刷

购书咨询：010-64518888　　　　　　　　　售后服务：010-64518899
网　　址：http://www.cip.com.cn

《AutoCAD 制图》

编写人员名单

主　编：肖　晴　　安徽科技学院

副主编：吴　燕　　安徽科技学院
　　　　怀　康　　山东理工大学
　　　　倪　云　　滁州学院

参编人员：牟雪姣　　安徽科技学院
　　　　　蒋运生　　徐州工程学院
　　　　　王　婷　　徐州工业职业技术学院

前　言

　　AutoCAD 是美国 Autodesk 公司开发设计的计算机辅助设计软件，具有强大的图形绘制及编辑功能，可以进行多种图形格式的转换，具有较强的数据交换能力，支持多种操作平台，具有通用性、易操作性，广泛应用于土木建筑、室内装饰、航空航天、化工机械等诸多领域。为了适应高等院校应用型人才培养的需要，本书结合普通高校本科教育教学建筑大类学科专业教育特点，贯彻 OBE（Outcome Based Education）教学理念，引入信息化教学工具，融入课程思政元素，配有操作视频二维码，以强化专业素养为导向，打造"以学生为中心、以能力提升为目标"的课程教材。

　　《AutoCAD 制图》主要介绍 AutoCAD 2020 的安装及基本操作、二维图形绘制命令、二维图形编辑命令、标注命令、图层与图块、建筑施工图绘制、园林设计平面图绘制、室内设计施工图绘制、图形打印与输出 9 个项目内容。按照渐进式学习过程安排教学内容，从概念和基本操作入手，注重基础知识的理解，根据知识点合理设计案例，将理论知识转化为实践操作；再结合案例、项目、工程图绘制等，一步一步深入，侧重实践能力的提升；最后对图形打印和输出进行讲解，使整个绘图过程系统化。因 AutoCAD 软件操作界面基本一致，因此本书中二维码是旧版本录制视频，不影响读者参考使用。

　　《AutoCAD 制图》在每一个项目学习前安排了"学习目标""思政教学点"以及"建议学时"，帮助学生系统了解每一个任务的学习要求；在每一个项目内容后安排了"能力训练与提高"和"思考题"，拓展了教学案例，满足学生的课后练习需要和拓展思考需求，以提高教学效果、提升课程教学的"两性一度"（即高阶性、创新性、挑战度）。为了实现较好的教学效果，本书在每一个任务学习前提供了导学视频，满足了现代化教学的需要，属于新媒体融合教材；附录部分提供了"AutoCAD 主要快捷键"，便于学生快速查找。

　　《AutoCAD 制图》由肖晴任主编，吴燕、怀康、倪云任副主编，牟雪姣、蒋运生、王婷参与编写。全书由肖晴、吴燕统一修改定稿。在编写过程中获得了安徽科技学院、山东理工大学、滁州学院、徐州工程学院、徐州工业职业技术学院的相关领导和老师的支持与协助，在此一并表示感谢。

　　由于编者水平有限，编写时间仓促，书中难免存在疏漏和不足之处，广大读者在使用过程中如有任何建议与意见可随时与我们联系（99220493@qq.com），我们将及时给予回复，以便我们对教材进行修订、改进。

编　　者

2021 年 10 月

目 录

项目一

AutoCAD 2020的安装及基本操作

[学习目标]

（1）熟悉 AutoCAD 2020 的安装与激活的方法；

（2）掌握 AutoCAD 文件管理操作；

（3）掌握常用基本操作；

（4）熟悉绘图环境设置；

（5）掌握坐标系统与坐标表示方法；

（6）掌握辅助绘图工具操作。

[素养目标]

（1）通过对 AutoCAD 发展历程的讲解，让学生了解到科技创新技术的重要性，激发学生的创新精神。

（2）通过对坐标系统的学习，培养学生严谨求实的科学态度、严肃认真的学习和工作作风。

[建议学时] 4 学时

任务 1-1　AutoCAD 2020 的安装

一、AutoCAD 的发展与应用

AutoCAD（Auto Computer Aided Design）是由美国 Autodesk 公司开发的计算机辅助设计软件。自 2000 年之后，美国 Autodesk 公司将软件按发布的年份命名，一般双数年份的版本为稳定运行的版本。AutoCAD 2008 是 AutoCAD 软件中较为常用的一个版本，包括 32 位系统和 64 位系统两种，自 AutoCAD 2020 开始不再支持 32 位系统。随着版本的升级更新，软件操作更加方便，功能更加齐全，对硬件的要求也越来越高。

近年来，AutoCAD 以其强大的绘图和编辑功能，使得其在设计领域取得了广泛的应用，并逐渐代替了传统的手工绘图。相较于传统的手工绘图，AutoCAD 软件有着较为明显的优势，例如绘图速度快、出图质量高、便于存储和调用、便于图纸修改和方案交流等。AutoCAD 已经成为机械、电子、建筑、土木、工业设计、服装设计、景观园林等领域不可缺少的绘图工具之一。

二、AutoCAD 2020 的安装

1. AutoCAD 2020 安装方法

启动电脑中下载的 AutoCAD 2020 安装包，鼠标左键双击，按照提示，鼠标左键依次单击［下一步］，完成安装，如图 1-1-1~图 1-1-4。

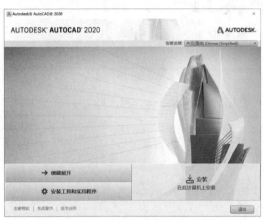

图 1-1-1　安装界面

图 1-1-2　许可协议

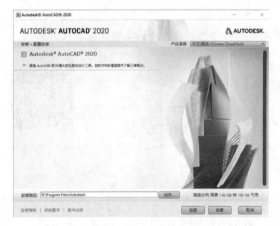

图 1-1-3　安装路径

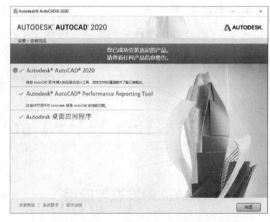

图 1-1-4　安装完成

2. AutoCAD 2020 启动方法

（1）鼠标左键双击桌面快捷图标；
（2）［开始］-［程序］-［Autodesk］-［AutoCAD 2020］。

3. AutoCAD 2020 注册方法

（1）鼠标左键双击桌面快捷图标，启动 AutoCAD 2020；
（2）选择［输入序列号］，鼠标左键单击［激活］（图 1-1-5、图 1-1-6）；

图 1-1-5　序列号界面

图 1-1-6　激活界面

（3）输入序列号和产品密钥（图 1-1-7）；

（4）打开注册机，将注册对话框中的申请号输入到注册机中，并用鼠标左键单击［算号］按钮，将激活码复制、粘贴到注册对话框中（图 1-1-8），单击［下一步］按钮；

图 1-1-7　激活选项

图 1-1-8　注册机

图 1-1-9　激活完成

（5）在［激活确认］对话框中，鼠标左键单击［完成］按钮，AutoCAD 2020 注册激活完成（图 1-1-9）。

三、AutoCAD 2020 的工作界面

启动 AutoCAD 2020 后，出现如图 1-1-10 所示界面。鼠标左键单击［开始］选项卡下面［开始绘制］，进入用户界面。用户界面主要由标题栏、菜单栏、工具栏、绘图区、命令行、状态栏、坐标系、十字光标等组成，如图 1-1-11。

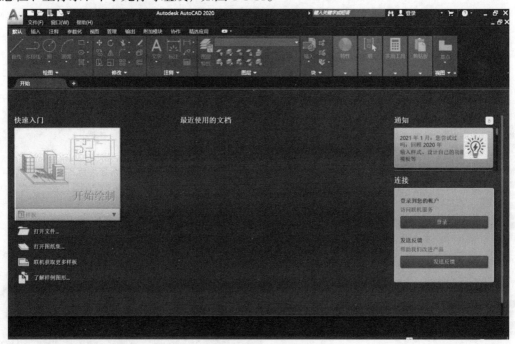

图 1-1-10　开始界面

1. 标题栏

AutoCAD 2020 标题栏在工作界面的最上面，左侧是显示 AutoCAD 2020 的图标和文件操作快捷按钮；中间是软件名称、版本号和文件名称；右侧是最小化按钮、还原/最大化按钮和关闭按钮。

2. 菜单栏

菜单栏位于标题栏下方，第一次启动需要在标题栏左侧"倒三角箭头"处鼠标左键单击显示菜单栏。菜单栏包括 12 个主菜单，在每个主菜单中含有相应的下拉菜单。打开和执行相应的菜单命令可通过鼠标左键单击菜单项执行；也可以通过 Alt+菜单栏中带括号和下划线的字母执行。

3. 工具栏

AutoCAD 2020 工具栏位于菜单栏下方，包括默认、插入、注释、参数化等十个主面板，

通过面板中这些工具可以实现大部分的操作。其中，常用的默认工具包括绘图、修改、注释、图层等。鼠标停留在任意工具按钮上并停顿一下，屏幕上就会显示出该工具按钮的名称和简要说明。

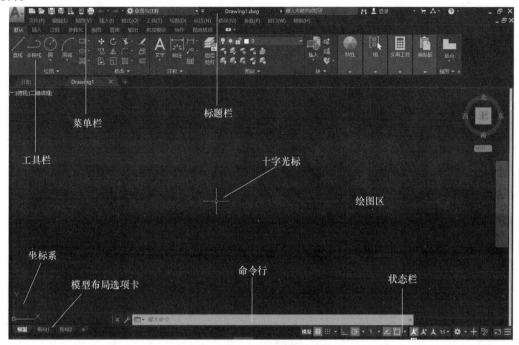

图 1-1-11　用户界面

调用工具栏的方法： 在任意工具栏处鼠标右键单击，出现［显示选项卡］和［显示面板］，鼠标左键单击［显示面板］中工具栏按钮，可以弹出或关闭相应的工具栏。

4. 绘图区

绘图区是界面中间最大的一部分，是用于绘制图形的区域，也可以称为绘图窗口。该区域是无限大的，可以通过缩放或平移工具进行视图控制，还可以利用"双击鼠标中键"进行全屏显示，也可以通过"Z 回车、A 回车"显示全部图形。

（1）背景颜色调整

绘图区默认颜色为黑色。如果需要进行背景颜色调整，可进行如下操作：

①［工具］-［选项］-［显示］，如图 1-1-12；

② 在［显示］中，鼠标左键单击［颜色］，出现［图形窗口颜色］对话框，如图 1-1-13；

③ 选择右侧［颜色］下拉符号，可以根据需要进行颜色调整，但建议选择黑色，不仅节能而且有利于操作人员的健康；

④ 鼠标左键单击［应用并关闭］，再单击［确定］按钮，即可完成背景颜色修改。

（2）十字光标

鼠标在绘图区以十字光标的形式显示。十字光标的大小可以根据需要进行调整，具体操作如下：［工具］-［选项］-［显示］-［十字光标大小］，如图 1-1-14。默认大小为 5，可通过调整数值大小或拉动右侧滑竿来调整十字光标的大小。在实际绘图过程中，一般常将数值设为100，方便绘图。

图 1-1-12　选项-颜色

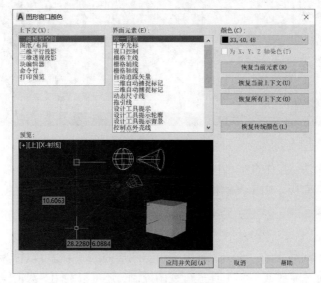

图 1-1-13　图形窗口颜色

（3）坐标系

坐标系位于绘图区左下角，是用来参考当前坐标方向，不同的样式可以表示不同的视图空间和视点。当绘制平面图时，可以将坐标位置锁定或隐藏，方法如图 1-1-15 所示。

① 锁定坐标系 ［视图］-［显示］-［UCS 图标］，鼠标左键单击［原点］，将勾（√）取消，即可锁定 UCS 用户坐标系。

② 隐藏坐标系 ［视图］-［显示］-［UCS 图标］，鼠标左键单击［开］，将勾（√）取消，即可隐藏 UCS 用户坐标系，反之即可调出坐标系。

5. 命令行

命令行位于绘图区下方，是人机对话的窗口。命令行显示命令、操作提示等信息，从键盘上输入的坐标数值直接显示在其中，不必先用鼠标左键单击定位光标位置。首次运行 AutoCAD 2020 时，命令行独立于界面上，可将鼠标放置于命令行工具条左侧，按住鼠标左键拖动到显示灰色矩形框处松开，即可固定命令行。命令行默认高度为 2 行，可将鼠标放置于命令行上侧通过拖动来调整大小。

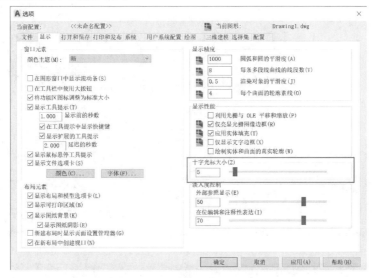

图 1-1-14　选项-十字光标大小

图 1-1-15　坐标系设置

命令行的关闭与调用：命令行工具栏左侧 [X] 按钮，可以关闭命令行；如果需要再次调用，可通过 [工具] - [命令行] 或 Ctrl+9 的操作打开。

同时，可以通过 AutoCAD 文本窗口查看历史信息，**文本窗口打开的方法有：**[视图] - [显示] - [文本窗口] 或 Ctrl+F2，如图 1-1-16。

图 1-1-16　文本窗口

6. 状态栏

状态栏位于命令行下部，也就是 AutoCAD 2020 工作界面的最底部一行，也称状态行。主要包括模型布局选项卡、辅助绘图工具、注释比例、工作空间、全屏显示命令等。

AutoCAD 2020 工作空间也可以在标题栏左侧"倒三角箭头"处调出，包括草图与注释、三维建模、三维基础三种，但也可以通过以下设置将 AutoCAD 2020 工作界面改为常用的经典界面。

AutoCAD 2020 设置经典界面的步骤如下：

（1）鼠标左键单击菜单栏的［工具］-［选项板］-［功能区］，关闭功能区，如图 1-1-17。

图 1-1-17　关闭功能区

（2）打开菜单栏的［工具］，鼠标左键单击［工具栏］-［AutoCAD］，把［标准］、［样式］、［图层］、［特性］、［绘图］、［修改］等勾选上，如图1-1-18。

图 1-1-18　打开工具栏

（3）在工作空间处鼠标左键单击［将当前工作空间另存为…］或在命令行输入"WSSave"弹出［保存工作空间］对话框，在［名称］处输入［AutoCAD经典］，鼠标左键单击［保存］按钮即可，如图1-1-19。

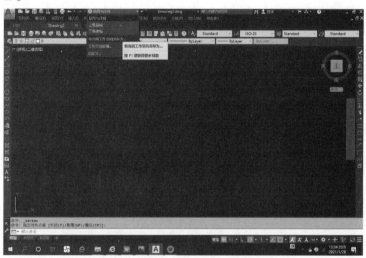

图 1-1-19　保存工作空间

任务 1-2　文件管理

一、新建文件

（1）菜单栏：［文件］-［新建］

（2）工具栏/标题栏： 新建按钮

（3）命令行：输入"New"

（4）快捷键：Ctrl+N

执行上述命令后，弹出［选择样板］窗口，可以选用默认样板"acadiso.dwt"创建新图形，即可新建一个默认图名为"drawing1.dwg"的图形文件。

二、打开文件

（1）菜单栏：［文件］-［打开］

（2）工具栏/标题栏： 打开按钮

（3）命令行：输入"Open"

（4）快捷键：Ctrl+O

执行上述命令后，弹出［文件选择］窗口，鼠标左键单击需要打开的文件路径，找到相应的.dwg文件。

三、保存文件

（1）菜单栏：［文件］-［保存］

（2）工具栏/标题栏： 保存按钮

（3）命令行：输入"Qsave"

（4）快捷键：Ctrl+S

如果保存的文件是第一次存盘，执行上述操作后，弹出［图形另存为］窗口，指定相应的存储位置，即可完成文件存储。

提示：

（1）存盘时一定要输入自定义的文件名称，不要采用默认的文件名称。

（2）作图过程中要不断存盘，以便及时保存文件。

（3）文件尽量存储为低版本文件格式。一般来讲，同一个软件产品，高版本软件总是能读取低版本软件存储的文件，而低版本软件不一定能读取高版本软件存储的文件，这就是所谓的"向下兼容"。存储为低版本文件格式的操作方法：［图形另存为］-［文件类型］-选择低版本存储。

四、另存为文件

（1）菜单栏：［文件］-［另存为］

（2）标题栏： 另存为按钮

（3）命令行：输入"Save"

（4）快捷键：Ctrl+Shift+S

提示：

如果需要在系统里更改存储文件的版本，具体操作如下：［工具］-［选项］-［打开和保存］-［文件保存］-［另存为］下拉列表中选择需要存储的版本。

五、多文档操作

AutoCAD 2020 具有多文档操作的特性，可以同时打开多个图形文件，每个打开的文件其图形占用独立的窗口。

如果需要将某个打开的文件设为当前文件，可通过以下任意方式进行切换：

（1）鼠标左键单击菜单栏上的［窗口］下拉菜单展开，观察下拉菜单底部的文件名称，前面打"√"的文件对应当前图形窗口，鼠标左键单击"√"选其中的一个文件名称，可将其窗口置为当前窗口，从而在多个文件间切换。

（2）多个文件间切换快捷键：Ctrl+Tab、Ctrl+F6。

提示：

为方便不同图形文件间的移动、复制图形对象，可一并打开多个图形文件来操作，但不是打开文件越多越方便，因受计算机内存限制，文件打开太多时，会影响计算机的运行速度。

六、关闭文件

（1）菜单栏：［文件］-［关闭］
（2）工具栏：✖窗口关闭按钮
（3）命令行：输入"Close"

七、退出 AutoCAD 2020

（1）菜单栏：［文件］-［退出］
（2）标题栏：✖文件关闭按钮
（3）命令行：输入"Quit"或"Exit"
（4）快捷键：Ctrl+Q、Alt+F4

如果图形文件没有存盘，退出 AutoCAD 2020 时系统会弹出［退出警告］对话框，提示保存文件。退出 AutoCAD 时，一定要正确操作，确定文件保存完好，否则可能损坏文件，前功尽弃。

任务 1-3　常用基本操作

一、键盘、鼠标在 AutoCAD 2020 中的运用

1. 鼠标

左键（执行命令）、右键（快捷菜单）、中键（放大/缩小、移动）。
滚轮鼠标上的两个按钮之间有一个小滑轮即滚轮，滚轮可以转动或按下，可以使用滚轮

在图形中进行缩放和平移，而无需使用任何 AutoCAD 命令。滚轮鼠标操作与 AutoCAD 命令的对应关系如下。

（1）实时平移　在绘图区中任意一点按住鼠标滚轮并拖动鼠标，到另一点松开，就像在绘图桌上用手推图纸一样。

（2）实时缩放　以当前光标位置为中心，向前转动鼠标滑轮放大，向后转动鼠标滑轮缩小。

（3）范围缩放　双击鼠标滚轮，缩放以显示图形范围并使所有对象最大化显示（充满屏幕）。

2. 键盘

ECS（退出）、空格/回车（确定）（注意在实际绘图时，有些命令空格和回车键执行命令不同，应灵活掌握）、快捷操作（如返回操作 Ctrl+Z）。

3. 输入

AutoCAD 数字或者输入快捷命令，要求输入法为英文状态。

二、重置配置

有些新手在刚接触 AutoCAD 软件时，经常会把系统的配置搞乱了，下面的操作可将系统恢复到"初装"时的状态：［工具］-［选项］-［配置］-［重置］-在弹出的警告窗口中鼠标左键单击［是］-［确定］，如图 1-3-1。

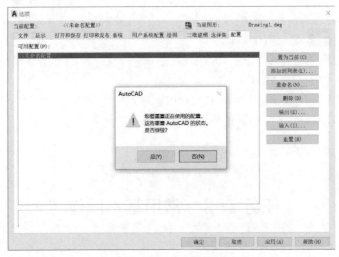

图 1-3-1　重置配置

三、重生成图形

如果在绘图过程中，执行某些操作后图形看不出变化，或者有时找不到图形，可以执行［视图］-［重生成］命令或输入快捷键"RE"来刷新屏幕图形，更新屏幕显示。

四、命令的启动、取消、重复

1. 命令的三种启动方式

AutoCAD 2020 中每一条命令对应一个操作，整个系统是由无数条命令组成的，命令是以英文单词或缩写命名。最基础的方法是直接在命令行输入命令名称，为了操作方便，选择一部分常用命令放在菜单栏中，且选择一部分最常用的放在工具栏中，下面以直线命令为例说明启动命令的三种常用方式。

（1）工具栏命令按钮　鼠标左键单击绘图工具栏上的直线图标￼启动直线命令。

（2）菜单　鼠标左键单击［绘图］菜单-在弹出的下拉菜单中鼠标左键单击［直线（L）］启动直线命令。

（3）命令行　在命令行输入"Line"或快捷键"L"，敲击键盘上的回车键，启动直线命令。AutoCAD 不识别命令字母的大小写，输入时大小写兼容。

2. 命令的取消与重复执行

（1）取消　在一个命令执行过程中，按 ESC 键可取消命令。

（2）重复　在一个命令执行完成后，回车键/空格键或鼠标右键单击，在弹出的快捷菜单中鼠标左键单击第一项"重复***"，可再次执行刚完成的命令。在系统里设置鼠标右键的命令方法如下：［工具］-［选项］-［用户系统配置］-［自定义右键单击］-命令模式选择［确认］-［应用并关闭］-［确认］，如图 1-3-2。

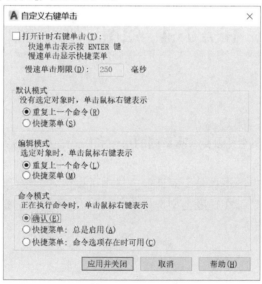

图 1-3-2　自定义右键单击

五、快捷键和命令别名

快捷键是指用于启动命令的键或键组合，也称加速键。例如，按键盘 Ctrl+O 执行打开文件命令，按键盘 Ctrl+S 执行保存文件命令，结果与从文件菜单中选择打开和保存相同。临时替代键是指用于打开或关闭某个绘图辅助工具的键，例如，F8 切换正交模式、F10 切换极轴模式。

查看快捷键定义的方法：［工具］-［自定义］-［界面］-在打开的［自定义用户界面］窗口中鼠标左键单击［快捷键］，右侧列表显示所有快捷键定义-鼠标左键单击［复制到剪贴板］按钮，将快捷键定义列表复制到剪切板中-在记事本中新建一个文本文件-粘贴，则获得快捷键定义列表。

命令的命令行启动方式中，启动直线命令可以键盘输入"Line"，也可以键盘输入"L"，"L"就是"Line"命令的别名，也叫快捷方式，是为了简化键盘输入而定义的。命令别名存放在程序参数文件"acad.pgp"中，是一个文本文件，其扩展名"pgp"是Program Parameters的缩写，鼠标左键单击［工具］-［自定义］-［编辑程序参数］，打开文件"acad.pgp"，可查看、修改、追加命令别名及其他程序参数。

六、主谓与动宾操作方式

AutoCAD命令的操作过程一般是先发出要执行的命令，然后根据命令行提示输入坐标或选择要操作的对象，键盘回车确认，命令执行，这种方式可称为动宾操作方式，适用于所有的命令操作；为了兼容Windows用户的操作习惯，修改命令也可以先选择要操作的对象，然后发出要执行的命令。以删除命令为例，操作过程如下。

（1）主谓操作方式　选择要删除的图形对象-鼠标左键单击修改工具栏中的［删除］按钮。

（2）动宾操作方式　在修改工具栏处鼠标左键单击［删除］按钮-鼠标左键单击选择要删除的图形对象-空格/回车。

任务1-4　绘图环境设置

一、单位设置

在建筑设计绘图中不同图形要求有不同的单位和格式，因此在绘图前，需要设置图形的单位和格式，设置方法如下。

［格式］-［单位］-［图形单位］对话框。从中可设定各类单位的进制和精度，一般宜设置为国际标准单位"毫米"，在长度类型选择"小数"，角度类型选择"十进制度数"，精度按实际需要进行设置，如图1-4-1。

二、设置图形界限

绘图前需要根据所绘图形的大小、比例等因素来确定绘图的幅面。

［格式］-［图形界限］，对图幅大小进行设置（要注意键盘输入的是绝对直角坐标，中间的逗号是英文输入状态，否则输入的坐标无效）。下面以A3图纸为例进行图幅的设置。

命令行内容如下：

命令：'_limits

重新设置模型空间界限：

图 1-4-1　图形单位

指定左下角点或［开（ON）/关（OFF）］<0.00，0.00>：（回车或输入左下角点坐标）；

指定右上角点 <420.00,297.00>：420,297（输入右上角点坐标，或按 **Enter** 键接受"<>"中的默认值，当与默认值不同时必须单独输入坐标）。

常用的图幅尺寸有 A0（1189×841）、A1（841×594）、A2（594×420）、A3（420×297）、A4（297×210），其中 A0、A1、A2、A3 图纸多用作横幅，A4 多用作立幅。

三、全屏显示图形界限

为了方便绘图，可以利用打开［栅格］的方式将图形界限全屏显示。

打开［栅格］按钮，即可通过栅格点区域明确定义的界限范围，并可通过选择［视图］-［缩放］-［全部］命令（也可直接输入 Z 回车，A 回车），使栅格点（即定义的整个图形界限）居中全屏显示。

命令行内容如下。

命令：z（命令行输入 Z，回车）

ZOOM 指定窗口的角点，输入比例因子 （nX 或 nXP），或者［全部（A）/中心（C）/动态（D）/范围（E）/上一个（P）/比例（S）/窗口（W）/对象（O）］<实时>：a（命令行输入 A，回车，表示选择"全部"选项）。

任务 1-5　坐标系统

在 AutoCAD 图形中，点的位置是由坐标来确定的。任何物体在空间中的位置都可以通过一个坐标系来定位。因此，了解不同坐标系的特点，对于正确高效地绘图非常重要。

点坐标可以采用直角坐标和极坐标两种输入方式，每种方式又有绝对坐标与相对坐标之分。在输入点坐标的过程中，直角坐标与极坐标、绝对坐标与相对坐标可以任意混用，系统自动识别输入格式。

一、直角坐标

在 AutoCAD 软件中，直角坐标就是输入点的 X、Y、Z 坐标值，坐标之间要用逗号隔开。在绘制平面图时，只有 X、Y 轴的位移，Z 坐标缺省为 0，因此，只要输入 X、Y 的坐标即可。

输入方式：输入一个点相对于原点（屏幕左下角 0,0 点）的 X、Y 坐标，即（X,Y）。如一个点 X 坐标为 300，Y 坐标为 200，在 AutoCAD 中则需要输入：300,200。

二、极坐标

在 AutoCAD 软件中，极坐标就是指该点距坐标原点的距离以及这两点的连线与 X 轴正方向的夹角，其中距离和角度中间要用"<"隔开。

输入方式：输入一个点相对于原点的斜向距离和角度，即（L<α）。如一个点相对于原点的斜向距离为 500，与 X 轴正方向夹角为 28°，在 AutoCAD 中则需要输入：500<28。

三、绝对坐标与相对坐标

上面两种坐标输入方式，每个点的坐标都是以坐标系原点（0,0）为起点计算的，称为绝对坐标。如果计算一个点的坐标时以前面输入的一个点为起点，则称为相对坐标，相对坐标输入时要在坐标前面加"@"。因此，AutoCAD 的坐标表示方法如图 1-5-1。

在 AutoCAD 中系统默认的是相对坐标，如需修改可进行如下操作：[状态栏]-[右键]-[草图设置]-[动态输入]-[指针输入]-[设置]，默认"相对坐标"，也可以选择"绝对坐标"。

直角坐标：相对直角坐标：@X,Y

绝对直角坐标：X,Y

极 坐 标：相对极坐标：@L<α

绝对极坐标：L<α

图 1-5-1　Auto CAD 坐标表示方法

提示：

（1）在 AutoCAD 中，角度始终是与水平正方向所成的角；水平向右为 0 度，逆时针为正，顺时针为负。

（2）在坐标输入前要关闭中文输入法，坐标值、逗号等命令参数只识别半角英文字符，全角中文字符被视为非法字符，不能执行，比较一下","与","看上去是否相同。@读作"埃特"，是英文 at，即"在"的意思，输入时先按住键盘 Shift 键，再键盘敲击"@2"键，"<"是英文的小于号，输入时须先按住键盘 Shift 键，再敲击键盘"<,"键。

任务 1-6　辅助绘图工具

辅助绘图工具是限制或锁定光标移动的一组工具，可以简化点的坐标输入，提高绘图效率。

辅助绘图工具包括栅格（F7）、捕捉（F9）、正交（F8）、极轴追踪（F10）、对象捕捉追踪（F11）、对象捕捉（F3）。按钮组在屏幕底部的［状态栏］上，鼠标左键单击一个按钮可开/关此项功能；鼠标右键单击按钮或者鼠标左键单击命令右侧三角箭头可以进入［草图设置］窗口，进行相关设置，或者鼠标左键单击［工具］-［绘图设置］，也可以进入［草图设置］窗口。

提示:
在键盘上直接输入点的坐标值时优先于辅助绘图工具。

一、栅格和捕捉

鼠标左键单击［状态栏］上的［栅格］按钮，可以看到绘图区中出现的网格，就像作图时打上去的坐标格网的交叉点，如果栅格的间距相对于绘图区中的场地尺寸过小，会由于栅格太密而不能显示。鼠标左键单击状态行上的［捕捉］按钮，移动鼠标时会发现光标一跳一跳的，只能停留在栅格点上。鼠标右键单击［捕捉］按钮-鼠标左键单击［捕捉设置］，打开［草图设置］对话框，可设置捕捉间距为 100，同样的方法可设置栅格间距，如图 1-6-1。

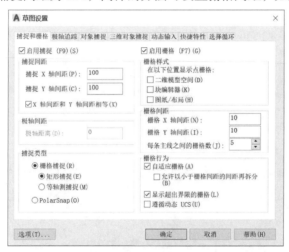

图 1-6-1　草图设置

提示:
栅格和捕捉工具的主要作用是绘制草图时帮助定位，抄绘已有的手工图纸时作用不大。

二、正交与极轴追踪

打开［正交］后光标只能沿水平或垂直方向移动，如果在直线命令下用鼠标左键单击取点则画出的线"横平竖直"。［极轴追踪］是正交的扩展，正交与极轴追踪不能同时打开。打开正交，极轴追踪自动关闭。

极轴追踪与正交的主要区别有两点：

（1）极轴追踪的方向不仅限定在 X、Y 轴上，即 0、90、180、270 四个角度上，而是可以在任意角度增量上。

（2）极轴追踪是非限制性的，光标在其他的角度方向上也可以鼠标左键单击取点。

极轴追踪的设置方法：鼠标右键单击［极轴追踪］-打开［草图设置］，如图 1-6-2，在列表中选择增量角30，或直接输入角度值，设置增量角30°，则光标停留在0、30、60等30的倍数角度上时，出现虚线对齐路径与提示，可直接输入该方向上的距离以准确定位点坐标。正交与极轴追踪类似，只是被限制在X、Y轴方向上。附加角与增量角不同，附加角仅这一个角度可以使用极轴追踪，而其倍数角并无作用，如图1-6-3，鼠标左键单击［新建］按钮，键盘输入68，设置附加角为68°。

图1-6-2　增量角

图1-6-3　附加角

三、对象捕捉

在命令行提示输入点坐标时，获取已有图形对象的特征点坐标，以取代坐标的计算和手工输入。鼠标左键单击［对象捕捉］按钮打开对象捕捉命令。

鼠标右键单击［对象捕捉设置］-打开［草图设置］，窗口中列出了可供选择的对象捕捉模式，如图1-6-4。每一种模式中有3列信息，左列"标记"是移动光标捕捉到特征点时对象上出现的图形指示符号，中列是复选框，鼠标左键单击"√"选可打开此类特征点捕捉，右列是特征点的名称。

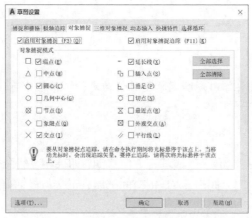
图1-6-4　对象捕捉

提示：

对象捕捉并不限制于使用直线命令时才有效，在命令执行过程中只要提示输入点坐标时都可以使用，绘图、编辑等命令也可以利用对象捕捉来捕捉点。鼠标靠近特征点时出现捕捉标记，鼠标左键单击才能完成捕捉。圆与圆弧具有相似的特征点和相同的捕捉方法。光标靠近时系统难以判断是捕捉圆心、象限点、垂足、切点等特征点中的哪一个，设置时一般只勾（√）选其中之一或常用的几种，以免引起歧义。

四、对象捕捉追踪

对象捕捉追踪与极轴追踪类似，是捕捉一个点后，沿一条对齐路径前进给定长度定位一个点，或是由两条对齐路径的交点确定一个点坐标的方法。对齐路径是捕捉对象端点后沿端点延伸方向引出，或是捕捉对象特征点后沿正交或极轴方向引出的指示方向的虚线。使用对象追踪需要打开对象捕捉功能，对象追踪可以与极轴追踪、正交配合使用。

提示：

在捕捉点上停靠几秒，会显示出一个"+"，表示要追踪这个点；移动光标并返回，再次捕捉该点后停靠几秒，"+"消失，表示取消这个点的追踪，这是一种开/关操作。

辅助绘图工具不是绘图必需的，完全可以用画辅助线等手工作图的方法替代，用户刚开始学习时经常忘了使用这些工具是正常的。

◦ **能力训练与提高** ◦

一、用坐标输入的方法绘制图 1-7-1、图 1-7-2 图形。

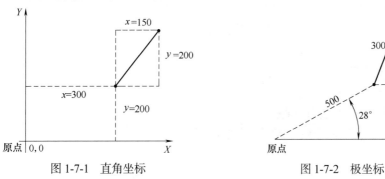

图 1-7-1　直角坐标　　　　　图 1-7-2　极坐标

二、用相对坐标绘制图 1-7-3 图形，起点任意。

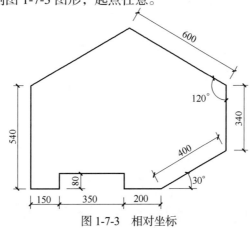

图 1-7-3　相对坐标

三、结合辅助绘图工具的使用，用直线命令绘制图 1-7-4、图 1-7-5 图形。

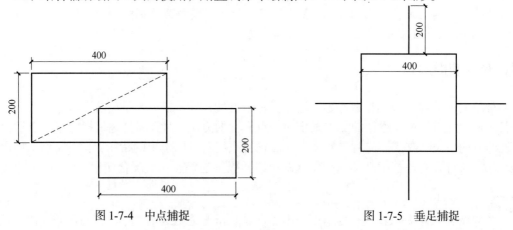

图 1-7-4　中点捕捉　　　　　　　　　　　图 1-7-5　垂足捕捉

四、利用直线命令，用点坐标绘制边长为 100 的正五边形，第一点坐标为（100,100）。

思考题

1. AutoCAD 2020 用户界面包括哪几个部分？

2. 如何将 AutoCAD 2020 用户界面改为经典模式？

3. 在 AutoCAD 2020 绘图过程中，鼠标的作用有哪些？

4. 如何打开 AutoCAD 2020 中的工具栏？

5. 用 AutoCAD 2020 打开 CAD 文件有几种方式？

6. 如何将文件存储为低版本的文件类型？

7. 如何改变绘图区的背景颜色？

8. 如何切换多个图形文件？

9. AutoCAD 的坐标表示方法有哪些？

10. AutoCAD 中极轴追踪命令的增量角和附加角有什么不同？

项目二

二维图形绘制命令

[学习目标]

（1）熟悉基本绘图命令的图标和快捷键；

（2）掌握各种绘图命令的操作并能灵活使用。

[素养目标]

（1）通过对命令的讲解和示范，引导学生认真审题，抓住题目中的关键词，养成独立思考的习惯，从而使学生养成良好的学习习惯、独立思考处理问题的能力，进而养成严谨的工作作风和良好的道德修养。

（2）采用启发式教学，通过基本命令的讲述，引导学生学会举一反三，发现不一样的绘图方法和技巧，从而不断提高学习主动性和积极性，启发学生的逻辑思维能力，激发学生主动思考的积极性，提高学生的课堂参与度，使学生成为课堂的主体。

[建议学时] 8学时

任务 2-1 线命令

AutoCAD 2020 中，线命令包括直线、射线、构造线、多段线、修订云线和样条曲线。

一、直线

1. 命令功能

绘制两个坐标点之间的直线段。连续输入点，可以创建一系列连续的线段，每条线段是独立的图形对象，可以单独编辑，不影响其他线段。

2. 启动方法

（1）菜单栏：[绘图]-[直线]

（2）工具栏：

（3）命令行：Line

（4）快捷键：L

3. 操作步骤

（1）启动命令；

（2）在命令行输入起点坐标或在任意位置鼠标左键单击；

（3）在命令行输入第二点坐标或鼠标左键单击；

（4）在命令行输入第三点坐标或鼠标左键单击……

（5）鼠标右键单击，弹出快捷菜单，鼠标左键单击其中的［确认］完成命令或直接按回车/空格键结束命令。

4. 能力拓展

（1）绘制 A（0,0）、B（300,400）之间的线段，如图 2-1-1。

命令行内容如下：

命令：L（命令行输入 **L**，回车）

Line

指定第一个点：0,0（输入 A 点坐标，回车）

指定下一点或［放弃（U）］：@300,400（输入 B 点坐标，回车）

指定下一点或［退出（E）/放弃（U）］：（按回车或空格键结束命令）

（2）分别绘制长度为 300 的水平线和垂直线，如图 2-1-2。

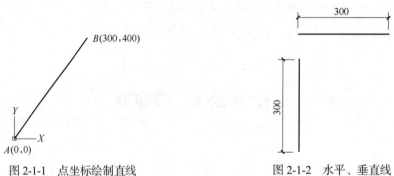

图 2-1-1　点坐标绘制直线　　　　　　图 2-1-2　水平、垂直线

命令行内容如下：

命令：L（命令行输入 **L**，回车）

Line

指定第一个点：<正交 开>（在绘图区任意位置鼠标左键单击，确定第一点位置，状态栏打开正交命令（**F8**）

指定下一点或 ［放弃（U）］：300（鼠标移动到水平位置，在命令行输入 **300**，回车）

指定下一点或［退出（E）/放弃（U）］：（按回车或空格键结束命令）

命令：Line（按回车或空格键重新启动直线命令）

指定第一个点：（在绘图区任意位置左键单击，确定第一点位置）

指定下一点或［放弃（U）］：300（鼠标移动到垂直位置，命令行输入 **300**）

指定下一点或［退出（E）/放弃（U）］：（按回车或空格键结束命令）

（3）绘制多段折线，角度任意，如图 2-1-3。

命令行内容如下：

命令：L（命令行输入 L，回车）

Line

指定第一个点：（在绘图区鼠标左键单击任意位置，确定第一点位置）

指定下一点或［放弃（U）］：700（移动鼠标到如图 2-1-3 方向，在命令行输入 700，回车）

指定下一点或［退出（E）/放弃（U）］：600（移动鼠标到如图 2-1-3 方向，在命令行输入 600，回车）

图 2-1-3　任意角度直线

指定下一点或［关闭（C）/退出（X）/放弃（U）］：500（移动鼠标到如图 2-1-3 方向，在命令行输入 500，回车）

指定下一点或［关闭（C）/退出（X）/放弃（U）］：（按回车或空格键结束命令）

（4）绘制边长为 500 的正三角形，如图 2-1-4。

命令行内容如下：

命令：L（命令行输入 L，回车）

Line

指定第一个点：（在绘图区任意位置鼠标左键单击，回车，确定第一点位置）

指定下一点或［放弃（U）］：500（利用极轴命令移动鼠标到水平方向，命令行输入 500，回车）

指定下一点或［退出（E）/放弃（U）］：500（设置极轴增量角为 30，捕捉与 X 轴正方向夹角 120° 方向，命令行输入 500，回车）

指定下一点或［关闭（C）/退出（X）/放弃（U）］：（移动鼠标到起点位置，利用对象捕捉命令，鼠标左键单击捕捉起点）

指定下一点或［关闭（C）/退出（X）/放弃（U）］：（按回车或空格键结束命令）

（5）绘制长为 300，且与 X 轴夹角为 36° 的线段，如图 2-1-5。

图 2-1-4　正三角形

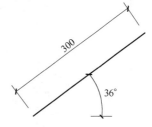

图 2-1-5　X 轴正方向 36° 线段

命令行内容如下：

命令：L（在命令行输入 L，回车）

Line

指定第一个点：（在绘图区任意位置鼠标左键单击，回车，确定第一点位置）

指定下一点或［放弃（U）］：300（设置极轴增量角或附加角为 36，捕捉与 X 轴正方向夹角 36° 方向，在命令行输入 300）

指定下一点或 ［退出（E）/放弃（U）］：（ **按回车或空格键结束命令** ）

二、构造线

1. 命令功能

绘制向两个方向无限延伸的直线，用作其他对象的参照。

2. 启动方法

（1）菜单栏：［绘图］-［构造线］
（2）工具栏：📐
（3）命令行：XLine
（4）快捷键：XL

3. 操作步骤

（1）启动命令；
（2）根据命令行提示：指定点或 ［水平（H）/垂直（V）/角度（A）/二等分（B）/偏移（O）］进行绘图操作。指定点：是默认选项，可以直接输入一个点的坐标或鼠标左键单击指定一个点。［水平（H）/垂直（V）/…］是可选项，每个可选项间用"/"隔开，输入"（ ）"中的字母，回车，可启动这个选项，如：H回车，启动"水平"选项。

4. 能力拓展

（1）分别绘制水平和垂直构造线，如图2-1-6。

命令行内容如下：

命令：XL（在命令行输入 XL，回车）

XLINE

指定点或［水平（H）/垂直（V）/角度（A）/二等分（B）/偏移（O）］：h（命令行输入 H，回车）

指定通过点：（在绘图区任意位置鼠标左键单击）

指定通过点：（按回车或空格键结束命令）

命令：XLine（按回车或空格键重启命令）

指定点或 ［水平（H）/垂直（V）/角度（A）/二等分（B）/偏移（O）］：v（命令行输入 V，回车）

图 2-1-6　水平、垂直构造线

指定通过点：（在绘图区任意位置鼠标左键单击）

指定通过点：（按回车或空格键结束命令）

（2）绘制与 *X* 轴正方向夹角为37°的构造线，如图2-1-7。

命令行内容如下：

命令：XL（在命令行输入 XL，回车）

XLine

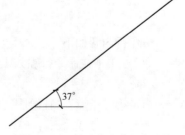

图 2-1-7　*X* 轴正方向 37° 构造线

指定点或［水平（H）/垂直（V）/角度（A）/二等分（B）/偏移（O）］：a（在命令行输入 **A**，回车）

输入构造线的角度（0）或［参照（R）］：37（在命令行输入 **37**，回车）

指定通过点：（在绘图区任意位置鼠标左键单击）

指定通过点：（按回车或空格键结束命令）

（3）用构造线命令等分∠*BAC*，如图 2-1-8。

命令行内容如下：

命令：略（按要求绘制∠*BAC*）

XL（在命令行输入 **XL**，回车）

XLine

指定点或［水平（H）/垂直（V）/角度（A）/二等分（B）/偏移（O）］：b（在命令行输入 **B**，回车）

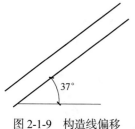

图 2-1-8　构造线命令二等分角

指定角的顶点：（打开对象捕捉命令，鼠标左键单击 **A** 点）

指定角的起点：（鼠标左键单击直线 *AC* 上任意点）

指定角的端点：（鼠标左键单击直线 *AB* 上任意点）

指定角的端点：（按回车或空格键结束命令）

（4）将与 *X* 轴正方向夹角为 37°的构造线向上偏移 200，如图 2-1-9。

命令行内容如下：

命令：XL（在命令行输入 **XL**，回车）

XLine

指定点或［水平（H）/垂直（V）/角度（A）/二等分（B）/偏移（O）］：o（在命令行输入 **O**，回车）

指定偏移距离或［通过（T）］<通过>：200（在命令行输入 **200**，回车）

选择直线对象：（选择之前绘制的与 *X* 轴正方向夹角为 37°的构造线）

图 2-1-9　构造线偏移

指定向哪侧偏移：（鼠标移动至选择的构造线上方左键单击）

选择直线对象：（按回车或空格键结束命令）

三、多段线

1. 命令功能

一笔绘制相互连接的序列线段、弧线段或者两者的组合线段，每一段均可定义起始和终止宽度，圆弧在起点处总是与前面的对象相切。

2. 启动方法

（1）菜单栏：［绘图］-［多段线］

（2）工具栏：

（3）命令行：PLine

（4）快捷键：PL

3. 操作步骤

（1）启动命令；

（2）鼠标左键单击 A 点-移动鼠标到 B 点鼠标左键单击；

（3）命令行输入 A 回车，切换到圆弧状态，到 C 点鼠标左键单击，到 D 点鼠标左键单击；

（4）命令行输入 L 回车，切换到直线状态，到 E 点鼠标左键单击；

（5）命令行输入 A 回车，到 F 点鼠标左键单击；

（6）命令行输入 L 回车；

（7）命令行输入 C 回车，闭合结束命令，如图 2-1-10。

提示：

多段线并不是绘制直线段与弧线段组合图形的唯一方法，难度太大的图形用直线、圆弧两个命令分别绘制更容易些，但一笔画成的闭合多段线对计算面积和图案填充更有利。

4. 能力拓展

（1）用多段线绘制线宽为 20，半径为 100 的圆，如图 2-1-11。

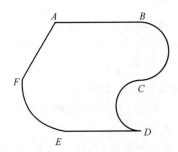
图 2-1-10　多段线闭合

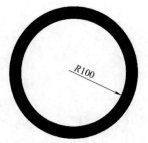
图 2-1-11　带线宽的圆

命令行内容如下：

命令：PL（命令行输入 **PL**，回车）

PLine

指定起点：（在绘图区任意位置鼠标左键单击）

当前线宽为 0.0000

指定下一个点或 [圆弧（A）/半宽（H）/长度（L）/放弃（U）/宽度（W）]：w（命令行输入 W，回车）

指定起点宽度<0.0000>：20（命令行输入 20，回车）

指定端点宽度<20.0000>：（按回车或空格键指定默认宽度 20）

指定下一个点或 [圆弧（A）/半宽（H）/长度（L）/放弃（U）/宽度（W）]：a（命令行输入 A，回车）

指定圆弧的端点（按住<Ctrl>键以切换方向）或

[角度（A）/圆心（CE）/方向（D）/半宽（H）/直线（L）/半径（R）/第二个点（S）/放弃（U）/宽度（W）]：a（命令行输入 A，回车）

指定夹角：180（命令行输入 **180，回车**）

指定圆弧的端点（按住\<Ctrl\>键以切换方向）或［圆心（CE）/半径（R）］：r（**命令行输入 R，回车**）

指定圆弧的半径：100（**命令行输入 100，回车**）

指定圆弧的弦方向（按住\<Ctrl\>键以切换方向）\<240\>：（**鼠标左键单击**）

指定圆弧的端点（按住\<Ctrl\>键以切换方向）或

［角度（A）/圆心（CE）/闭合（CL）/方向（D）/半宽（H）/直线（L）/半径（R）/第二个点（S）/放弃（U）/宽度（W）］：（**捕捉起点，鼠标左键单击**）

指定圆弧的端点（按住\<Ctrl\>键以切换方向）或

［角度（A）/圆心（CE）/闭合（CL）/方向（D）/半宽（H）/直线（L）/半径（R）/第二个点（S）/放弃（U）/宽度（W）］：（**回车或空格键结束命令**）

（2）用多段线绘制箭头，如图 2-1-12。

命令行内容如下：

命令：PL（**命令行输入 PL，回车**）

PLine

指定起点：（**在绘图区任意位置鼠标左键单击**）

当前线宽为 0.0000

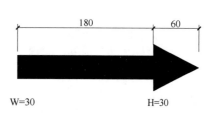

图 2-1-12　箭头

指定下一个点或［圆弧（A）/半宽（H）/长度（L）/放弃（U）/宽度（W）］：w（**命令行输入 W，回车**）

指定起点宽度\<0.0000\>：30（**命令行输入 30，回车**）

指定端点宽度\<30.0000\>：（**按回车或空格键指定默认宽度 30**）

指定下一个点或［圆弧（A）/半宽（H）/长度（L）/放弃（U）/宽度（W）］：180（**向右移动鼠标，在命令行输入 180，回车**）

指定下一点或［圆弧（A）/闭合（C）/半宽（H）/长度（L）/放弃（U）/宽度（W）］：h（**命令行输入 H，回车**）

指定起点半宽\<15.0000\>：30（**在命令行输入 30，回车**）

指定端点半宽\<30.0000\>：0（**在命令行输入 0，回车**）

指定下一点或［圆弧（A）/闭合（C）/半宽（H）/长度（L）/放弃（U）/宽度（W）］：60（**向右移动鼠标，在命令行输入 60，回车**）

指定下一点或［圆弧（A）/闭合（C）/半宽（H）/长度（L）/放弃（U）/宽度（W）］：（**按回车或空格键结束命令**）

四、修订云线

1. 命令功能

用于创建由连续圆弧组成的多段线以构成云线形对象。可以直接绘制修订云线，也可以将圆、椭圆、闭合样条曲线等闭合对象转换为修订云线。修订云线本是用于设计师在检查图纸时圈阅图形用的，也常用来绘制园林平面图中的树丛和灌木丛。

2. 启动方法

（1）菜单栏：［绘图］-［修订云线］
（2）工具栏：... 待定

（3）命令行：Revcloud

3. 操作步骤

（1）定义最小弧长和最大弧长　①启动修订云线命令；②命令行输入 A；③键盘输入最小弧长值，回车，键盘输入最大弧长值，回车。

（2）绘制修订云线　AutoCAD 2020 中，修订云线有三种类型，包括矩形、多边形和徒手画。

① 启动命令后，输入相应的类型对应的字母［矩形（R）/多边形（P）/徒手画（F）］，在作图区域中鼠标左键单击一点作为起点，依次指定下一点，按回车键结束命令。

② 徒手画在结束命令时可利用对象捕捉自动闭合。如果找不到起点，可按<Esc>键中止。

（3）外凸转为内凹　①启动命令后，输入 O，启动对象命令；②鼠标左键单击要转换的对象；③反转方向选择［是］，即可完成外凸/内凹的转换。

（4）修改云线造型　①启动命令后，输入 M，启动修改命令；②选择要修改的对象；③指定下一个点；④选择拾取要删除的边，完成云线修改。修改完成后，也可以根据需要执行外凸/内凹的转换。

4. 能力拓展

用修订云线命令绘制灌木丛，如图 2-1-13。

图 2-1-13　修订云线

命令行内容如下：
命令：REVCLOUD（启动修订云线命令）
最小弧长：0.5
最大弧长：0.5
样式：普通
类型：徒手画
指定第一个点或［弧长（A）/对象（O）/矩形（R）/多边形（P）/徒手画（F）/样式（S）/修改（M）］<对象>：_F
指定第一个点或［弧长（A）/对象（O）/矩形（R）/多边形（P）/徒手画（F）/样式（S）/修改（M）］<对象>：a（在命令行输入 A，回车）

指定最小弧长<0.5>：（命令行输入 **0.5**，回车）

指定最大弧长<0.5>：（命令行输入 **1**，回车）

指定第一个点或〔弧长（A）/对象（O）/矩形（R）/多边形（P）/徒手画（F）/样式（S）/修改（M）〕<对象>：（**在绘图区任意位置鼠标左键单击**）

沿云线路径引导十字光标...（**移动鼠标绘制图中最外围造型**）

......

修订云线完成。（**自动闭合，结束命令**）

命令：REVCLOUD（**回车，再次启动命令**）

最小弧长：0.5

最大弧长：1

样式：普通

类型：徒手画

指定第一个点或〔弧长（A）/对象（O）/矩形（R）/多边形（P）/徒手画（F）/样式（S）/修改（M）〕<对象>：（**相应位置，鼠标左键单击**）

沿云线路径引导十字光标...（**移动鼠标绘制图中左侧造型**）

......

修订云线完成。（**自动闭合，结束命令**）

命令：REVCLOUD（**回车，再次启动命令**）

最小弧长：0.5

最大弧长：1

样式：普通

类型：徒手画

指定第一个点或〔弧长（A）/对象（O）/矩形（R）/多边形（P）/徒手画（F）/样式（S）/修改（M）〕<对象>：（**相应位置，鼠标左键单击**）

沿云线路径引导十字光标...（**移动鼠标绘制图中右侧造型**）

......

修订云线完成。（**自动闭合，结束命令**）

命令：REVCLOUD（**回车，再次启动命令**）

最小弧长：0.5

最大弧长：1

样式：普通

类型：徒手画

指定第一个点或〔弧长（A）/对象（O）/矩形（R）/多边形（P）/徒手画（F）/样式（S）/修改（M）〕<对象>：o（**命令行输入 O，回车**）

选择对象：（**选择左侧云线**）

反转方向〔是（Y）/否（N）〕<否>：Y（**命令行输入 Y**）

修订云线完成。（**完成外凸/内凹的转换**）

命令：REVCLOUD（**回车，再次启动命令**）

最小弧长：0.5

最大弧长：1

样式：普通

类型：徒手画

指定第一个点或［弧长（A）/对象（O）/矩形（R）/多边形（P）/徒手画（F）/样式（S）/修改（M）］<对象>：o（命令行输入 O，回车）

选择对象：（选择右侧云线）

反转方向［是（Y）/否（N）］<否>：Y（命令行输入 Y）

修订云线完成。（完成外凸/内凹的转换）

五、样条曲线

1. 命令功能

样条曲线可以在控制点之间产生一条光滑的曲线。一般可用于创建形状不规则的曲线，例如绿地、水面、游步道等。

2. 启动方法

（1）菜单栏：［绘图］-［样条曲线］

（2）工具栏：N

（3）命令行：Spline

（4）快捷键：SPL

3. 操作步骤

（1）启动命令；

（2）鼠标左键顺序单击 A、B、C、D……，在此过程中会出现一条光滑的曲线，指示样条线的形状，要结束时，可以按回车/空格键，也可以输入 C 绘制闭合图形。

4. 能力拓展

（1）绘制曲线游步道，如图 2-1-14。

图 2-1-14　曲线游步道

命令行内容如下：

命令：SPL（命令行输入 SPL，回车）

SPLine

当前设置：方式=拟合　节点=弦

指定第一个点或［方式（M）/节点（K）/对象（O）］：（在绘图区任意位置鼠标左键单击）

输入下一个点或［起点切向（T）/公差（L）］：（按照图中造型，依次鼠标左键单击）

输入下一个点或［端点相切（T）/公差（L）/放弃（U）］：（按照图中造型，依次鼠标左键

单击）

输入下一个点或［端点相切（T）/公差（L）/放弃（U）/闭合（C）］：（按照图中造型，依次鼠标左键单击）

输入下一个点或［端点相切（T）/公差（L）/放弃（U）/闭合（C）］：（按照图中造型，依次鼠标左键单击）

输入下一个点或［端点相切（T）/公差（L）/放弃（U）/闭合（C）］：（按照图中造型，依次鼠标左键单击）

输入下一个点或［端点相切（T）/公差（L）/放弃（U）/闭合（C）］：（回车或空格键结束命令）

（2）绘制石头，如图 2-1-15。

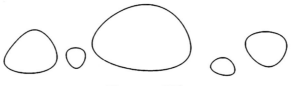

图 2-1-15　石头

命令行内容如下：

命令：SPL（命令行输入 SPL，回车）

SPLine

当前设置：方式=拟合　　节点=弦

指定第一个点或［方式（M）/节点（K）/对象（O）］：（在绘图区任意位置鼠标左键单击）

输入下一个点或［起点切向（T）/公差（L）］：（按照图中造型，依次鼠标左键单击）

输入下一个点或［端点相切（T）/公差（L）/放弃（U）］：（按照图中造型，依次鼠标左键单击）

输入下一个点或［端点相切（T）/公差（L）/放弃（U）/闭合（C）］：c（命令行输入 C，完成绘制）

......（重复以上步骤，依次绘制其他石头造型）

任务 2-2　形命令

AutoCAD 2020 中，形命令包括多边形和矩形。

一、多边形

1. 命令功能

绘制的正多边形是具有 3~1024 条等长边的闭合多段线，是绘制等边三角形、六边形、八边形等图形的快捷方法。

2. 启动方法

（1）菜单栏：[绘图] - [多边形]
（2）工具栏：⬠
（3）命令行：Polygon
（4）快捷键：POL

3. 操作步骤

有两种绘制方法，一种是已知多边形的中心与内接圆或外切圆的半径；另一种是已知多边形一条边的长度和位置。

（1）启动命令；
（2）命令行输入边数；
（3）指定正多边形的中心点或 [边（E）]；
（4）绘制图形。

4. 能力拓展

（1）绘制正六边形，如图 2-2-1。
命令行内容如下：
命令：POL（命令行输入 **POL**，回车）
POLYGON
输入侧面数<4>：6（输入边数 **6**，回车）
指定正多边形的中心点或 [边（E）]：（在绘图区任意位置鼠标左键单击）
输入选项 [内接于圆（I）/外切于圆（C）]<I>：C（命令行输入 **C** 或鼠标左键单击选择外切于圆（**C**）
指定圆的半径：100（移动鼠标，利用正交或极轴确定方向，命令行输入 **100**，回车）
（2）绘制正八边形，如图 2-2-2。

图 2-2-1　正六边形

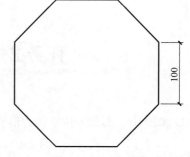

图 2-2-2　正八边形

命令行内容如下：
命令：POL（命令行输入 **POL**，回车）
POLYGON
输入侧面数<6>：8（输入边数 **8**，回车）

指定正多边形的中心点或［边（E）］：e（命令行输入 **E**，回车）

指定边的第一个端点：指定边的第二个端点：100（在绘图区任意位置鼠标左键单击，利用正交或极轴确定方向，命令行输入 **100**，回车）

二、矩形

1. 命令功能

给出矩形的两个对角点的坐标，绘制矩形，可以绘制带线宽的圆角和倒角矩形。

2. 启动方法

（1）菜单栏：［绘图］-［矩形］
（2）工具栏：🔲
（3）命令行：Rectang
（4）快捷键：REC

3. 操作步骤

（1）启动命令；
（2）指定第一个角点或［倒角（C）/标高（E）/圆角（F）/厚度（T）/宽度（W）］：鼠标单击；
（3）指定另一个角点或［面积（A）/尺寸（D）/旋转（R）］：鼠标单击，结束命令。

4. 能力拓展

（1）绘制起点坐标为（100，100），边长分别为 300、200 的矩形，如图 2-2-3。

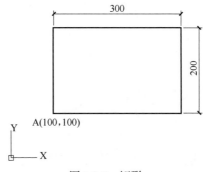

图 2-2-3　矩形

命令行内容如下：

命令：REC（命令行输入 **REC**，回车）

Rectang

指定第一个角点或［倒角（C）/标高（E）/圆角（F）/厚度（T）/宽度（W）］：100，100（命令行输入 **100，100**，回车）

指定另一个角点或［面积（A）/尺寸（D）/旋转（R）］：@300，200（**移动鼠标，命令行**

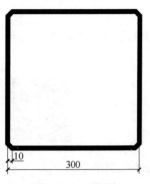

图 2-2-4 正方形

输入@300，200，回车）

（2）绘制线宽和倒角距离均为 10，边长 300 的正方形，如图 2-2-4。

命令行内容如下：

命令：REC（命令行输入 REC，回车）

Rectang

指定第一个角点或［倒角（C）/标高（E）/圆角（F）/厚度（T）/宽度（W）]：c（命令行输入 C，回车）

指定矩形的第一个倒角距离<0.0000>：10（命令行输入 10，回车）

指定矩形的第二个倒角距离<10.0000>：（回车或空格键默认距离）

指定第一个角点或［倒角（C）/标高（E）/圆角（F）/厚度（T）/宽度（W）]：w（命令行输入 W，回车）

指定矩形的线宽<0.0000>：10（命令行输入 10，回车）

指定第一个角点或［倒角（C）/标高（E）/圆角（F）/厚度（T）/宽度（W）]：（绘图区任意位置鼠标左键单击）

指定另一个角点或［面积（A）/尺寸（D）/旋转（R）]：@300，300（命令行输入@300，300，回车）

任务 2-3　圆命令

AutoCAD 2020 中，圆命令包括圆、圆弧、椭圆和椭圆弧。

一、圆

1. 命令功能

可以使用多种方法创建圆。

2. 启动方法

（1）菜单栏：［绘图］-［圆］-［圆心、半径］/［圆心、直径］……

（2）工具栏：

（3）命令行：Circle

（4）快捷键：C

3. 操作步骤

圆有 6 种绘制方法，菜单中给出了明确的组合（圆心、半径/圆心、直径/两点/三点/相切、相切、半径/相切、相切、相切）。第一种圆心半径是命令按钮的默认方法，其他方法可直接使用绘图菜单。

4. 能力拓展

（1）根据图示绘制图形，如图 2-3-1。

命令行内容如下：

命令：C（命令行输入 **C，回车**）

CIRCLE

指定圆的圆心或［三点（3P）/两点（2P）/切点、切点、半径（T）］：（**绘图区任意位置鼠标左键单击**）

指定圆的半径或［直径（D）］<150.0000>：100（**命令行输入 100，回车**）

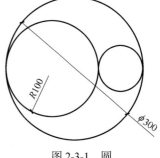

图 2-3-1　圆

命令：_circle（**回车或空格键再次启动命令**）

指定圆的圆心或［三点（3P）/两点（2P）/切点、切点、半径（T）］：2p（**命令行输入 2P，回车**）

指定圆直径的第一个端点：（**利用对象捕捉和对象捕捉追踪，鼠标左键单击圆的左象限点**）

指定圆直径的第二个端点：指定圆直径的第二个端点：300（**右移鼠标，命令行输入 300，回车**）

命令：_circle（**回车或空格键再次启动命令**）

指定圆的圆心或［三点（3P）/两点（2P）/切点、切点、半径（T）］：2p（**命令行输入 2P，回车**）

指定圆直径的第一个端点：（**利用对象捕捉和对象捕捉追踪，鼠标左键单击半径为 100 的圆的右象限点**）

指定圆直径的第二个端点：指定圆直径的第二个端点：（**右移鼠标，捕捉直径为 300 的圆的右象限点并单击鼠标左键**）

（2）根据图示绘制图形，如图 2-3-2。

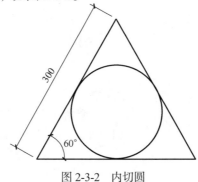

图 2-3-2　内切圆

命令行内容如下：

命令：POL（**命令行输入 POL，回车**）

POLYGON　输入侧面数<4>：3（**命令行输入边数 3，回车**）

指定正多边形的中心点或［边（E）］：e（**命令行输入 E，回车**）

指定边的第一个端点：

指定边的第二个端点：300（**利用正交或极轴，命令行输入 300，回车**）

命令：_circle（绘图-圆-相切、相切、相切）

指定圆的圆心或［三点（3P）/两点（2P）/切点、切点、半径（T）］：_3p 指定圆上的第一
个点：_tan 到（分别捕捉正三角形的三条边）

指定圆上的第二个点：_tan 到（分别捕捉正三角形的三条边）

指定圆上的第三个点：_tan 到（分别捕捉正三角形的三条边，完成内切圆的绘制）

二、圆弧

1. 命令功能

可以使用多种方法创建圆弧。除默认的三点弧外，其他方法都是从起点到端点逆时针绘制
圆弧。

2. 启动方法

（1）菜单栏：［绘图］-［圆弧］-［三点］……
（2）工具栏：
（3）命令行：ARC
（4）快捷键：A

3. 操作步骤

圆弧有多种绘制方法，菜单中给出了明确的组合。第一种是三点画圆弧，顺序给出起点、
第二点、终点绘制出相应的圆弧，这也是命令按钮的默认方法。

4. 能力拓展

请在边长为 200 的正方形左右两边各绘制一个半圆弧，如图 2-3-3。

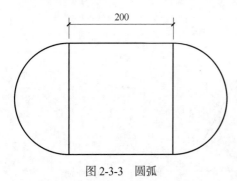

图 2-3-3　圆弧

命令行内容如下：

命令：REC（命令行输入 REC，回车）

Rectang

指定第一个角点或［倒角（C）/标高（E）/圆角
（F）/厚度（T）/宽度（W）］：（绘图区任意位置左
键单击）

指定另一个角点或［面积（A）/尺寸（D）/旋转
（R）］：@200, 200（命令行输入 @200, 200，回车）

命令：_arc（绘图–圆弧–起点、圆心、端点）

指定圆弧的起点或［圆心（C）］：（利用对象捕
捉，捕捉矩形左上角端点）

指定圆弧的第二个点或［圆心（C）/端点（E）］：_c

指定圆弧的圆心：（捕捉矩形左侧边的中点）

指定圆弧的端点（按住<Ctrl>键以切换方向）或［角度（A）/弦长（L）］：（捕捉矩形左下
角端点）

命令：_arc（绘图–圆弧–起点、端点、半径）

指定圆弧的起点或［圆心（C）］：（利用对象捕捉，捕捉矩形右下角端点）

指定圆弧的第二个点或［圆心（C）/端点（E）］：_e

指定圆弧的端点：**（捕捉矩形右上角端点）**

指定圆弧的中心点（按住<Ctrl>键以切换方向）或［角度（A）/方向（D）/半径（R）］：_r

指定圆弧的半径（按住<Ctrl>键以切换方向）：100**（移动鼠标，命令行输入100，回车）**

三、椭圆和椭圆弧

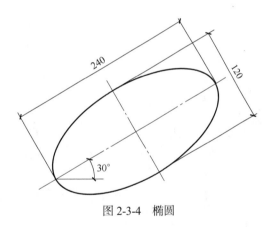

1. 命令功能

绘制精确椭圆。

2. 启动方法

（1）菜单栏：［绘图］-［椭圆］-［圆心］......

（2）工具栏：

（3）命令行：Ellipse

（4）快捷键：EL

3. 操作步骤

与绘制圆、圆弧相似，只是椭圆有两个半径。

4. 能力拓展

根据图示绘制椭圆，如图 2-3-4。

命令行内容如下：

命令：EL**（命令行输入EL，回车）**

Ellipse

指定椭圆的轴端点或［圆弧（A）/中心点（C）］：**（绘图区任意位置鼠标左键单击）**

指定轴的另一个端点：240**（利用极轴捕捉30°方向，命令行输入240，回车）**

指定另一条半轴长度或［旋转（R）］：60**（移动鼠标，命令行输入60，回车）**

图 2-3-4　椭圆

任务 2-4　点命令

AutoCAD 2020 中，点命令包括单点、多点、定数等分和定距等分。

1. 命令功能

点命令用来绘制多个或单个点对象，点的样式和大小可以设置。定数等分和定距等分是在一个线对象的长度等分点上放置点对象或图块。

2. 启动方法

（1）菜单栏：［绘图］-［点］-［单点］……
（2）工具栏：
（3）命令行：Point
（4）快捷键：PO

3. 操作步骤

（1）设置点样式：［格式］-［点样式］，弹出［点样式］对话框，鼠标左键单击选择点样式，鼠标左键单击［确定］按钮，如图 2-4-1。

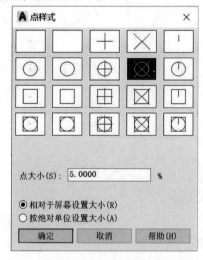

图 2-4-1　点样式

（2）画点：鼠标左键单击点按钮，在绘图区中鼠标左键任意单击几点，按<Esc>键终止画点（默认为持续绘制多点，只有<Esc>键能结束画点）。
（3）定数等分（DIV）：通过点将一个对象等分成 N 等分。
（4）定距等分（ME）：将一个对象按距离做等分。

提示：
　　定数等分、定距等分常用于沿园路等弯曲对象上放置座凳、果皮箱、树木栽植点等定位点，距离是按照曲线长度计算的，被等分对象并没有任何变化。命令执行过程中可输入块命令（B），插入图块（如树木符号）代替点。

4. 能力拓展

（1）用定数等分命令将∠BAC 三等分，如图 2-4-2。
命令行内容如下：
命令：L（命令行输入 L，回车）
LINE

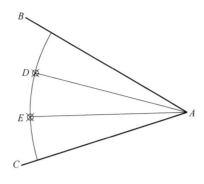

图 2-4-2　三等分角

指定第一个点：（绘图区任意位置鼠标左键单击，确定 **B** 点位置）

指定下一点或 ［放弃（U）］：（按照图示，确定 **A** 点位置）

指定下一点或 ［退出（E）/放弃（U）］：（按照图示，确定 **C** 点位置）

指定下一点或 ［关闭（C）/退出（X）/放弃（U）］：（回车或空格键结束命令）

命令：_arc（启动圆弧命令）

指定圆弧的起点或 ［圆心（C）］：C（命令行输入 **C**，回车）

指定圆弧的圆心：（利用对象捕捉命令，捕捉 **A** 点）

指定圆弧的起点：（捕捉 **B** 点）

指定圆弧的端点（按住<Ctrl>键以切换方向）或 ［角度（A）/弦长（L）］：（捕捉 **C** 点，绘制出∠**BAC** 的圆弧）

命令：_divide（绘图-点-定数等分）

选择要定数等分的对象：（选择圆弧）

输入线段数目或 ［块（B）］：3（命令行输入 **3**，将圆弧三等分）

命令：L（启动直线命令，回车）

LINE

指定第一个点：（利用对象捕捉命令，捕捉 **A** 点）

指定下一点或 ［放弃（U）］：（捕捉 **D** 点）

指定下一点或 ［退出（E）/放弃（U）］：（回车或空格键结束命令，即可连接直线 **AD**）

命令：LINE（重复上一步命令，连接直线 **AE**）

（2）用定距等分命令将直线按 200 的距离进行等分，如图 2-4-3。

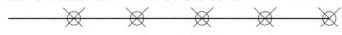

图 2-4-3　等分线段

命令行内容如下：

命令：L（命令行输入 **L**，回车）

LINE

指定第一个点：

指定下一点或 ［放弃（U）］：1000（绘制长度为 **1000** 的直线）

指定下一点或 ［退出（E）/放弃（U）］：（回车或空格键结束命令）

命令：_measure（绘图-点-定距等分）

选择要定距等分的对象：（选择直线）

指定线段长度或［块（B）］：200（**命令行输入 200，回车**）

---◇ **能力训练与提高** ◇---

一、利用直线命令，绘制图 2-5-1 所示图形。

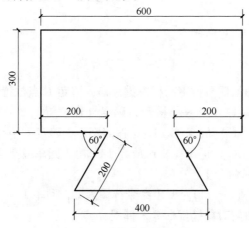

图 2-5-1　直线命令绘制图形

二、利用多段线命令，绘制图 2-5-2 所示图形。

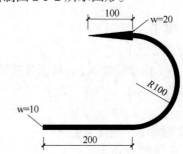

图 2-5-2　多段线命令绘制图形

三、根据图示，绘制五角星，如图 2-5-3。

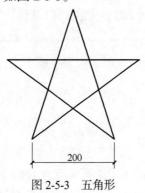

图 2-5-3　五角形

四、绘制桌椅平面图，如图 2-5-4。

五、绘制组合图形，如图 2-5-5。

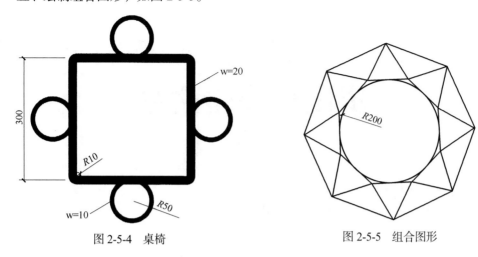

图 2-5-4　桌椅　　　　　　　　　　图 2-5-5　组合图形

六、将直线五等分，并绘制半圆，如图 2-5-6。

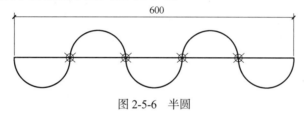

图 2-5-6　半圆

━━━━━━━━━━◦ 思考题 ◦━━━━━━━━━━

1. 常用的绘图命令一般有几种启动方法？
2. 绘图工具栏如何调出？
3. 怎样启动定数等分命令？
4. 怎样使 AutoCAD 中的点可见？
5. AutoCAD 2020 中怎样结束样条曲线命令？
6. 绘制标准篮球场、足球场平面图。

项目三
二维图形编辑命令

[学习目标]

（1）熟悉基本编辑命令的图标和快捷键；

（2）掌握各种编辑命令的操作并能灵活使用。

[素养目标]

（1）在绘图过程中，需要结合多种编辑工具进行绘图操作。因此，在教学过程中通过实例操作，培养学生灵活运用编辑工具的能力，做到勤思考、多练习。

（2）教学案例结合生活实际，以解决实际问题和培养学生能力为核心，提高学生用所学的专业知识解决生活中的实际问题的能力。

[建议学时] 8学时

任务 3-1　对象选择与删除

对象选择是指选中一组图形对象，对这组对象执行删除、移动、复制等操作。

一、单击

鼠标左键单击一个图形对象，该对象以虚线显示，表示已被选中。执行［删除］（E）命令即可完成图形删除。

二、窗选

在绘图区左侧鼠标左键单击一点，移动鼠标到右侧一点，这时在两点间出现一个蓝色透明窗口，实线矩形围合区域，鼠标左键单击，可将完全包围在窗口中的图形对象选中。命令行输入E，回车，删除选中图形。

三、交叉窗选

在绘图区右侧鼠标左键单击一点，移动鼠标到左侧一点，这时在两点间出现一个绿色透明窗口，虚线矩形围合区域，鼠标左键单击，可将窗口穿越或包围的图形对象选中。命令行输入

E，回车，删除选中图形。

四、栏选

仅适用于动宾操作方式，并且在操作过程中一般没有栏选提示，如删除部分图形对象：鼠标左键单击［修改］工具栏中［删除］按钮，键盘输入 F，回车，命令行提示"第一栏选点："，在绘图区中鼠标左键单击一点，移动鼠标后左键单击第二点，在两点间显示一条虚线，鼠标左键单击第三点，回车，栏选结束，这时虚线穿过的对象均被选中，回车，图中虚线穿过的对象均被删除。

五、全选

1. 动宾操作方式

要选择图形中的所有对象，可在命令行提示"选择对象："时，键盘输入 ALL，回车。如删除所有对象的操作：鼠标左键单击［删除］按钮，键盘输入 ALL，回车两次结束命令。

2. 主谓操作方式

快捷键<Ctrl+A>。如删除所有对象的操作：键盘<Ctrl+A>，鼠标左键单击［删除］按钮，完成操作。

六、反选

把选中的对象从选择集中剔除。键盘按住<Shift>键后，鼠标左键单击、窗选、交叉窗选，则被选中的对象选择状态被取消，从选择集中被剔除。在命令行输入 E，回车，删除选中图形，被剔除的对象则保留。

任务 3-2　基本编辑命令

AutoCAD 2020 中，基本编辑命令包括删除（E）、复制（CO/CP）、镜像（MI）、偏移（O）、阵列（AR）、移动（M）、旋转（RO）、缩放（SC）、拉伸（S）、修剪（TR）、延伸（EX）、打断（BR）、合并（J）、倒角（CHA）、圆角（F）、光顺曲线、分解（X）。

一、复制

1. 命令功能

在距原始位置的指定距离处创建对象副本。

2. 启动方法

（1）菜单栏：［修改］-［复制］
（2）工具栏：
（3）命令行：Copy
（4）快捷键：CO/CP

3. 操作步骤

（1）启动命令；
（2）选择图形对象，回车；
（3）鼠标捕捉符号的中心，鼠标左键单击，指定为基点；
（4）移动光标到右侧的定位点，依次鼠标左键单击；
（5）回车，命令结束。

提示：
基点是复制、移动等命令中的坐标参考点，可以是图形对象自身的特征点，也可以是离对象很远的点。如树木符号中心要与种植点对齐，所以捕捉其中心为基点更易于操作。

4. 能力拓展

用复制命令绘制图形，如图 3-2-1。

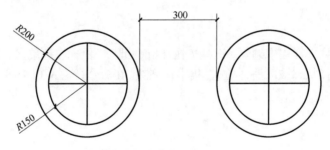

图 3-2-1　复制

命令行内容如下：
命令：略（**按要求绘制图中左侧图形**）
CO（**命令行输入 CO，回车**）
Copy
选择对象：指定对角点：找到 4 个（**选择左侧图形，回车**）
选择对象：
当前设置：复制模式=多个
指定基点或［位移（D）/模式（O）］<位移>：（**指定圆心为基点**）
指定第二个点或［阵列（A）］<使用第一个点作为位移>：700（**命令行输入 700，回车**）
指定第二个点或［阵列（A）/退出（E）/放弃（U）］<退出>：（**回车或空格键结束命令**）

二、镜像

1. 命令功能

创建图形对象的镜像图形，对称的对象可以先绘制出半个，再镜像创建出另一半，而不必绘制整个对象。

2. 启动方法

（1）菜单栏：［修改］-［镜像］
（2）工具栏：⚠️
（3）命令行：Mirror
（4）快捷键：MI

3. 操作步骤

（1）启动命令；
（2）选择图形对象，回车；
（3）指定镜像轴的第一点，打开正交模式，向下移动光标引出镜像线，鼠标左键单击确定轴的另一点；
（4）提示"要删除源对象吗？［是（Y）/否（N）]<N>:"键盘输入或鼠标左键选择 N/Y，完成镜像操作。

4. 能力拓展

用镜像命令绘制图形，如图 3-2-2。

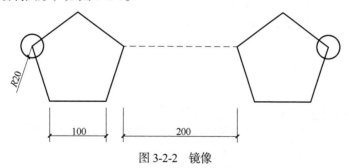

图 3-2-2　镜像

命令行内容如下：

命令：略（**按要求绘制图中左侧图形**）

L（**命令行输入 L，回车**）

LINE

指定第一个点：（**捕捉五边形右边角点**）

指定下一点或［放弃（U）]: 200（**命令行输入 200，回车**）

指定下一点或［退出（E）/放弃（U）]:（**回车或空格键结束命令，绘制长为 200 的辅助线**）

命令：MI（输入快捷命令，回车，启动镜像命令）

选择对象：指定对角点：找到 2 个（选择左侧需要镜像的图形，回车）

选择对象：指定镜像线的第一点：（鼠标捕捉辅助直线中点左键单击）

指定镜像线的第二点：（利用正交命令，向下或向上移动鼠标左键单击）

要删除源对象吗？［是（Y）/否（N）］<否>：N（执行［否］命令，完成镜像操作）

三、偏移

1. 命令功能

创建与选定图形对象形状平行的新对象，如：同心圆、平行线和平行曲线。

2. 启动方法

（1）菜单栏：［修改］-［偏移］

（2）工具栏：⊆

（3）命令行：Offset

（4）快捷键：O

3. 操作步骤

偏移时可以指定偏移距离做等距偏移，也可以指定偏移后的对象通过哪一点做不等距偏移。

提示：

多段线和样条曲线在偏移距离大于可调整的距离时将自动进行修剪。如样条曲线在偏移时，如果不能同时满足平行于原始对象和自身光滑两个条件，则会发生断裂。

4. 能力拓展

绘制窗户，如图 3-2-3。

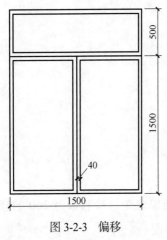

图 3-2-3　偏移

命令行内容如下：

命令：REC（命令行输入 REC，回车，启动矩形命令）

Rectang

指定第一个角点或［倒角（C）/标高（E）/圆角（F）/厚度（T）/宽度（W）］：（绘图区任意位置鼠标左键单击）

指定另一个角点或［面积（A）/尺寸（D）/旋转（R）］：@1500，500（命令行输入 @1500，500，回车，绘制上面矩形）

命令：Rectang（再次启动矩形命令）

指定第一个角点或［倒角（C）/标高（E）/圆角（F）/厚度（T）/宽度（W）］：（捕捉矩形下面边的中心点）

指定另一个角点或［面积（A）/尺寸（D）/旋转（R）］：@−750，−1500（命令行输入 @−750，−1500，回车，绘制左侧

矩形）

命令：O（输入快捷命令，回车，启动偏移命令）

Offset

当前设置：删除源=否　图层=源　OFFSETGAPTYPE=0

指定偏移距离或［通过（T）/删除（E）/图层（L）]<40.0000>：（命令行输入 **40**，回车）

选择要偏移的对象，或［退出（E）/放弃（U）]<退出>：（**选择上面矩形**）

指定要偏移的那一侧上的点，或［退出（E）/多个（M）/放弃（U）]<退出>：（**矩形内部单击**）

选择要偏移的对象，或［退出（E）/放弃（U）]<退出>：（**选择左侧矩形**）

指定要偏移的那一侧上的点，或［退出（E）/多个（M）/放弃（U）]<退出>：（**矩形内部单击**）

选择要偏移的对象，或［退出（E）/放弃（U）]<退出>：（**回车或空格键结束命令**）

命令：CO（输入快捷命令，回车，启动复制命令）

Copy

选择对象：指定对角点：找到 2 个（**选择左侧两个矩形，回车**）

选择对象：

当前设置：复制模式=多个

指定基点或［位移（D）/模式（O）]<位移>：（**鼠标左键单击左侧外部矩形的左下角端点**）

指定第二个点或［阵列（A）]<使用第一个点作为位移>：（**鼠标左键单击左侧外部矩形的右下角端点，完成复制**）

指定第二个点或［阵列（A）/退出（E）/放弃（U）]<退出>：（**回车或空格键结束命令**）

四、阵列

1. 命令功能

在 AutoCAD 2020 版本中，阵列命令增加了"路径阵列"选项，包括矩形阵列、路径阵列和环形阵列。默认的 AR 命令没有了阵列对话框设置，如需调出阵列对话框，可直接输入"ARRAYCLASSIC"命令调出。

2. 启动方法

（1）菜单栏：［修改］-［阵列］
（2）工具栏：
（3）命令行：Array
（4）快捷键：AR

3. 操作步骤

（1）矩形阵列
① 命令行输入"ARRAYCLASSIC"，弹出阵列对话框。
② 鼠标左键单击［矩形阵列］单选钮，鼠标左键单击［选择对象］按钮，返回绘图区选

择阵列母对象，回车结束选择对象返回阵列对话框。

③ 键盘输入行、列数，行、列数其中一个输入1时做单列或单行阵列。

④ 键盘输入行、列偏移、角度，行、列偏移输入负值，则向左下方阵列，阵列角度不为0则会产生旋转。鼠标左键单击［预览］按钮，窗口隐藏，预览阵列效果，弹出提示对话框，鼠标左键单击［接受］命令完成，鼠标左键单击［修改］可返回到阵列窗口中调整参数。

（2）环形阵列

① 命令行输入"ARRAYCLASSIC"，弹出阵列对话框。

② 鼠标左键单击［环形阵列］单选钮，鼠标左键单击［选择对象］按钮，返回绘图区选择阵列母对象，回车结束选择对象返回阵列对话框。

③ 鼠标左键单击［中心点］按钮，窗口隐藏，返回绘图区捕捉阵列轴心点，一般在阵列时有一个参照圆，取其圆心即可。

④ 键盘输入项目总数、填充角度。鼠标左键单击［预览］按钮，窗口隐藏，预览阵列效果，弹出提示对话框，鼠标左键单击［接受］命令完成，鼠标左键单击［修改］可返回到阵列窗口中调整参数。

（3）路径阵列

① 输入"AR"，启动阵列命令。

② 作图区选择阵列母对象，回车；输入"PA"选择路径阵列命令。

③ 选择路径曲线后可按照命令行提示"［关联（AS）/方法（M）/基点（B）/切向（T）/项目（I）/行（R）/层（L）/对齐项目（A）/z方向（Z）/退出（X）］"命令，根据需要进行操作。

4. 能力拓展

（1）按要求绘制阵列图形，如图3-2-4。

命令行内容如下：

命令：略（**按要求绘制图3-2-4中左下角矩形**）

命令：ARRAYCLASSIC（**命令行输入"ARRAYCLASSIC"，弹出阵列对话框**）

选择对象：找到1个（**阵列对话框选择矩形阵列，鼠标左键单击选择对象命令，绘图区选择已绘制的矩形，回车返回对话框**）

选择对象：拾取或按<Esc>键返回到对话框或<单击鼠标右键接受阵列>：（**阵列对话框按图**

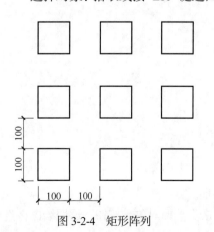

图 3-2-4　矩形阵列

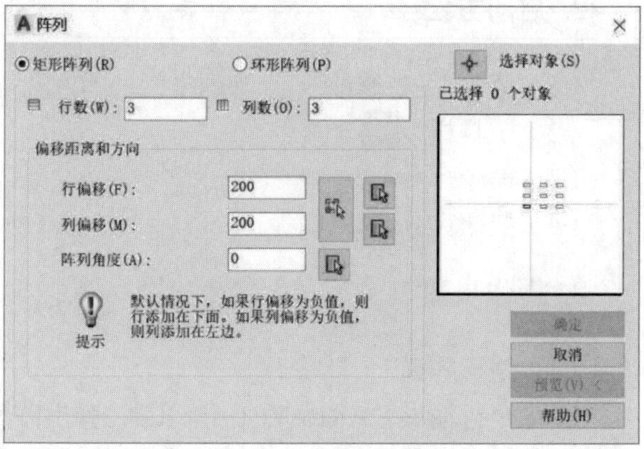

图 3-2-5　矩形阵列对话框

纸要求，输入相应参数，如图 **3-2-5**，鼠标左键单击预览或确定）

（2）按要求绘制阵列图形，如图 3-2-6。

命令行内容如下：

命令：略（按要求绘制图 **3-2-6** 中半径 **200** 的虚线圆、半径 **50** 的圆）

命令：ARRAYCLASSIC（命令行输入"**ARRAYCLASSIC**"，弹出阵列对话框）

选择对象：找到 1 个（阵列对话框选择圆形阵列，鼠标左键单击选择对象命令，绘图区选择已绘制的小圆，回车返回对话框）

指定阵列中心点：拾取或按<Esc>键返回到对话框或<单击鼠标右键接受阵列>：（鼠标左键单击中心点按钮，绘图区选择虚线圆的圆心，返回阵列对话框，按图纸要求输入相应参数，如图 **3-2-7**，鼠标左键单击预览或确定）

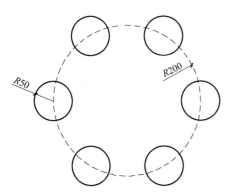

图 3-2-6　环（圆）形阵列

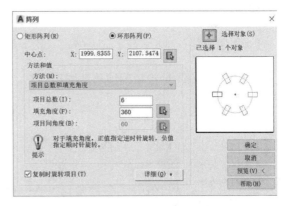

图 3-2-7　环（圆）形阵列对话框

（3）按要求绘制阵列图形，如图 3-2-8。

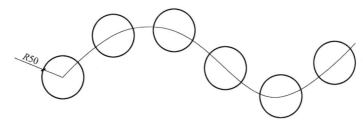

图 3-2-8　路径阵列

命令行内容如下：

命令：略（按要求绘制图 **3-2-8** 中半径为 **50** 的圆及样条曲线）

命令：AR（命令行输入 **AR**，回车，启动阵列命令）

Array

选择对象：找到 1 个（选择圆，回车）

选择对象：输入阵列类型［矩形（R）/路径（PA）/极轴（PO）］<路径>：PA（命令行输入 PA，回车）

类型=路径　关联=是

选择路径曲线：（选择样条曲线）

选择夹点以编辑阵列或［关联（AS）/方法（M）/基点（B）/切向（T）/项目（I）/行（R）/层（L）/对齐项目（A）/z 方向（Z）/退出（X）］<退出>：b（命令行输入 **B**，回车）

指定基点或［关键点（K）］<路径曲线的终点>:（鼠标左键单击圆心为基点）

选择夹点以编辑阵列或［关联（AS）/方法（M）/基点（B）/切向（T）/项目（I）/行（R）/层（L）/对齐项目（A）/z方向（Z）/退出（X）］<退出>: m（命令行输入 **M**，回车）

输入路径方法［定数等分（D）/定距等分（M）］<定距等分>: D（命令行输入 **D**，回车）

选择夹点以编辑阵列或［关联（AS）/方法（M）/基点（B）/切向（T）/项目（I）/行（R）/层（L）/对齐项目（A）/z方向（Z）/退出（X）］<退出>: i（命令行输入 **I**，回车）

输入沿路径的项目数或［表达式（E）］<7>: 6（命令行输入 **6**，回车）

选择夹点以编辑阵列或［关联（AS）/方法（M）/基点（B）/切向（T）/项目（I）/行（R）/层（L）/对齐项目（A）/z方向（Z）/退出（X）］<退出>:（按<Enter>键或空格键结束命令）

五、移动

1. 命令功能

使用坐标和对象捕捉精确地移动图形对象。

2. 启动方法

（1）菜单栏:［修改］-［移动］
（2）工具栏: ✛
（3）命令行: Move
（4）快捷键: M

3. 操作步骤

（1）启动命令;
（2）选择要移动的对象，单击鼠标右键结束选择对象;
（3）鼠标左键单击指定移动基点，鼠标左键单击指定移动目标位置，或键盘输入移动距离。

4. 能力拓展

将图 3-2-9（a）中的三角形移至图 3-2-9（b）所示的位置。

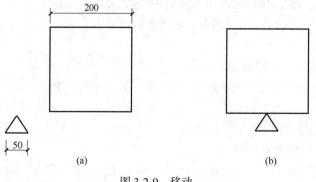

图 3-2-9　移动

命令行内容如下：

命令：略（按要求绘制图 **3-2-9** 中正方形和三角形）

命令：M（命令行输入 **M**，回车，启动移动命令）

Move

选择对象：找到 1 个（绘图区选择三角形）

选择对象：

指定基点或［位移（D）］<位移>：（鼠标左键单击三角形上端点）

指定第二个点或<使用第一个点作为位移>：（鼠标左键单击正方形下边中点）

六、旋转

1. 命令功能

绕指定基点旋转图形对象。

2. 启动方法

（1）菜单栏：［修改］-［旋转］

（2）工具栏：

（3）命令行：Rotate

（4）快捷键：RO

3. 操作步骤

（1）给定旋转角度旋转对象

① 启动命令；

② 选择要旋转的对象，按回车键结束选择对象；

③ 鼠标左键单击指定旋转基点，键盘输入旋转角度。

（2）参照图形对象旋转对象

① 启动命令；

② 选择要旋转的对象，按回车键；

③ 鼠标左键单击指定旋转基点；

④ 输入［参照］（R），鼠标捕捉源对象上的两点，鼠标捕捉目标点左键单击。

4. 能力拓展

（1）将椭圆分别按指定角度进行旋转，如图 3-2-10。

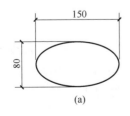
(a)

(b)

(c)

图 3-2-10　旋转

命令行内容如下：

命令：略［**按要求绘制图 3-2-10（a），并进行复制**］

命令：RO（**命令行输入 RO，回车，启动旋转命令**）

Rotate

UCS 当前的正角方向：ANGDIR=逆时针　ANGBASE=0

选择对象：找到 1 个（**选择中间椭圆，回车**）

选择对象：

指定基点：（**鼠标左键单击椭圆左象限点**）

指定旋转角度，或［复制（C）/参照（R）］<0>：–45（**命令行输入–45，回车**）

命令：RO（**再次启动旋转命令**）

Rotate

UCS 当前的正角方向：ANGDIR=逆时针　ANGBASE=0

选择对象：找到 1 个（**选择右边椭圆，回车**）

选择对象：

指定基点：（**鼠标左键单击椭圆左象限点**）

指定旋转角度，或［复制（C）/参照（R）］<315>：30（**命令行输入 30，回车**）

（2）利用旋转命令绘制下图，如图 3-2-11。

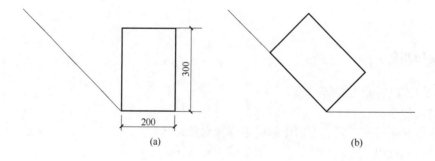

图 3-2-11　旋转参照

命令行内容如下：

命令：略［**按要求绘制图 3-2-11（a），并进行复制**］

命令：RO（**命令行输入 RO，回车，启动旋转命令**）

Rotate

UCS 当前的正角方向：ANGDIR=逆时针　ANGBASE=0

选择对象：找到 1 个［**选择图 3-2-11（b）矩形，回车**］

选择对象：

指定基点：（**鼠标左键单击矩形左下角端点**）

指定旋转角度，或［复制（C）/参照（R）］<30>：r（**命令行输入 R，回车**）

指定参照角<0>：指定第二点：（**鼠标左键单击矩形左下角端点，再单击左上角端点**）

指定新角度或［点（P）］<0>：（**鼠标左键单击斜线上任意点**）

七、缩放

1. 命令功能

在 X、Y、Z 三个轴向上等比例放大或缩小图形对象。

2. 启动方法

（1）菜单栏：［修改］-［缩放］
（2）工具栏：🔲
（3）命令行：Scale
（4）快捷键：SC

3. 操作步骤

（1）给定比例因子缩放对象
① 启动命令，选择缩放对象；
② 鼠标左键单击，指定基点；
③ 键盘输入缩放比例。
（2）给定缩放后的长度参照缩放对象
① 启动命令，选择缩放对象；
② 指定基点，输入参照（R）；
③ 鼠标左键单击，指定参照长度；
④ 键盘输入缩放后长度。

提示：
缩放后的对象真实尺寸发生了变化，与视图缩放命令的结果是完全不同的。视图缩放只是对象看上去大一点或小一点，尺寸并没有发生变化。

4. 能力拓展

（1）将图 3-2-12（a）分别按指定比例进行缩放，如图 3-2-12。

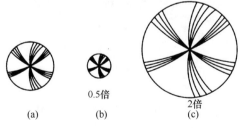

0.5倍
2倍

(a)　　　　(b)　　　　(c)

图 3-2-12　缩放

命令行内容如下：
命令：略［按要求绘制图 **3-2-12**（a），并进行复制］
命令：SC（命令行输入 **SC**，回车，启动缩放命令）
Scale

选择对象：找到 1 个［**选择图 3-2-12（b）图形，回车**］

选择对象：

指定基点：（**鼠标左键单击圆心为基点**）

指定比例因子或［复制（C）/参照（R）］：0.5（**命令行输入 0.5，回车**）

命令：Scale

选择对象：找到 1 个［**选择图 3-2-12（c）图形，回车**］

选择对象：

指定基点：（**鼠标左键单击圆心为基点，回车**）

指定比例因子或［复制（C）/参照（R）］：2（**命令行输入 2，回车**）

（2）将图 3-2-13（a）中的 b 正方形边长缩放到 200，如图 3-2-13。

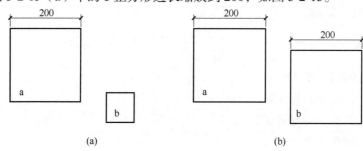

图 3-2-13　缩放参照

命令行内容如下：

命令：略［**按要求绘制图 3-2-13（a），并进行复制**］

命令：SC（**命令行输入 SC，回车，启动缩放命令**）

Scale

选择对象：找到 1 个［**选择图 3-2-13（b）中的 b 正方形，回车**］

选择对象：

指定基点：［**鼠标左键单击图 3-2-13（b）中 b 正方形左下角端点为基点**］

指定比例因子或［复制（C）/参照（R）］：r（**命令行输入 R，回车**）

指定参照长度<1122.4678>：指定第二点：［**鼠标分别左键单击图 3-2-13（b）中 b 正方形左下角端点、左上角端点**］

指定新的长度或［点（P）］<1122.4678>：200（**命令行输入 200，回车**）

八、拉伸

1. 命令功能

调整对象的大小，在一个方向上按用户所确定的尺寸拉伸图形。

2. 启动方法

（1）菜单栏：［修改］-［拉伸］

（2）工具栏：⬚

（3）命令行：Stretch

（4）快捷键：S

3. 操作步骤

（1）启动命令；

（2）提示"以交叉窗口或交叉多边形选择要拉伸的对象……"鼠标左键单击一点，鼠标左键单击另一点，出现交叉窗选指示，虚线矩形范围内为绿色透明板；

（3）鼠标左键单击一点作为基点，移动鼠标到合适位置时，鼠标左键单击或准确输入位移。

提示：

拉伸命令要以交叉窗选方式选择对象。窗口完全包围的图形对象，命令执行后尺寸不变，只是移动位置，而没有完全包围的对象，在命令执行过程中自动伸缩。圆不能拉伸，只能移动。

4. 能力拓展

将图 3-2-14（a）中正方形按照图示进行拉伸，如图 3-2-14。

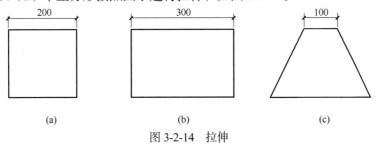

图 3-2-14 拉伸

命令行内容如下：

命令：略［按要求绘制图 **3-2-14（a）**图，并进行复制］

命令：S（命令行输入 S，回车，启动拉伸命令）

Stretch

以交叉窗口或交叉多边形选择要拉伸的对象...

选择对象：指定对角点：找到 2 个［交叉窗口选择图 **3-2-14（b）**右侧图形，回车］

选择对象：

指定基点或［位移（D）］<位移>：［鼠标左键单击图 **3-2-14（b）**右下角端点为基点，向右移动］

指定第二个点或<使用第一个点作为位移>：100（命令行输入 **100**，回车）

命令：Stretch（再次启动拉伸命令）

以交叉窗口或交叉多边形选择要拉伸的对象...

选择对象：指定对角点：找到 2 个［交叉窗口选择图 **3-2-14（c）**右上角图形，回车］

选择对象：

指定基点或［位移（D）］<位移>：［鼠标左键单击图 **3-2-14（c）**右上角端点为基点，向左移动］

指定第二个点或<使用第一个点作为位移>：100（命令行输入 **100**，回车）

命令：Stretch（再次启动拉伸命令）

以交叉窗口或交叉多边形选择要拉伸的对象…

选择对象：指定对角点，找到 2 个 **［交叉窗口选择图 3-2-14（c）左上角图形，回车］**

选择对象：

指定基点或［位移（D）］<位移>：**［鼠标左键单击图 3-2-14（c）左上角端点为基点，向右移动］**

指定第二个点或<使用第一个点作为位移>：100**（命令行输入 100，回车）**

九、修剪

1. 命令功能

以指定的对象为剪切边，将要修剪的对象剪去超出的部分。可以修剪圆弧、圆、椭圆弧、直线、多段线、样条曲线、射线、构造线等图形对象。

2. 启动方法

（1）菜单栏：［修改］-［修剪］

（2）工具栏：✂

（3）命令行：Trim

（4）快捷键：TR

3. 操作步骤

（1）启动命令；

（2）选择作为剪切边的图形；

（3）逐个鼠标左键单击要剪掉的部分。

提示：

（1）修剪可以隐含修剪边，在提示［选择对象］时回车，自动确定符合条件的对象为修剪边。

（2）执行修剪命令时，按住 Shift 键选择对象，执行［延伸］命令。

（3）修剪不掉的线，用删除命令。

4. 能力拓展

将图 3-2-15（a）中墙线按照图 3-2-15（b）所示进行修剪，如图 3-2-15。

命令行内容如下：

命令：略**［按要求绘制图 3-2-15（a），并进行复制］**

命令：略**［在图 3-2-15（b）中门下方墙线处绘制两条直线］**

命令：TR**（命令行输入 TR，回车，启动修剪命令）**

Trim

当前设置：投影=UCS，边=无

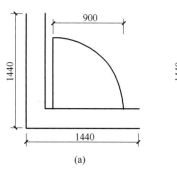
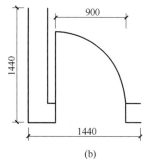

图 3-2-15　修剪

选择剪切边...

选择对象或<全部选择>：（鼠标左键单击绘制的两条直线，回车）

选择要修剪的对象或按住 Shift 键选择要延伸的对象，或者

［栏选（F）/窗交（C）/投影（P）/边（E）/删除（R）］：（鼠标左键分别单击两条直线中间的墙线，回车）

十、延伸

1. 命令功能

将图形对象延伸到对象定义的边界的边。可被延伸的对象包括：圆弧、椭圆弧、直线、多段线、射线。

2. 启动方法

（1）菜单栏：［修改］-［延伸］

（2）工具栏：

（3）命令行：Extend

（4）快捷键：EX

3. 操作步骤

（1）启动命令；

（2）选择作为延伸边界的图形；

（3）逐个鼠标左键单击要延伸的部分。

提示：

（1）样条曲线是不能够延伸的，其数学模型决定只能在样条线内部找到最平滑的一条线而不能向外延伸。在绘图中可将样条曲线绘制的长一些，然后修剪掉多余部分。

（2）执行延伸命令时，按住 Shift 键选择对象，执行［修剪］命令。

4. 能力拓展

将图 3-2-16（a）中线条延伸至图 3-2-16（b）所示位置，如图 3-2-16。

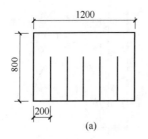
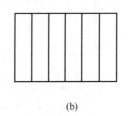

图 3-2-16　延伸

命令行内容如下：

命令：略［按要求绘制图 3-2-16（a），并进行复制］

命令：EX（命令行输入 **EX**，回车，启动延伸命令）

Extend

当前设置：投影=UCS，边=延伸

选择边界的边…

选择对象或<全部选择>：找到 1 个［**鼠标左键单击图 3-2-16（b）矩形上面边，回车**］

选择对象：

选择要延伸的对象或按住 Shift 键选择要修剪的对象，或者

［栏选（F）/窗交（C）/投影（P）/边（E）］：（**依次鼠标左键单击需要延伸的线段上端，回车**）

十一、打断

1. 命令功能

删除对象在两个指定点之间的部分或将对象在一个点上断开。直线、圆弧、圆、多段线、椭圆、样条曲线、圆环以及其他几种对象类型都可以拆分为两个对象或将其中的一端删除。

2. 启动方法

（1）菜单栏：［修改］-［打断］

（2）工具栏：

（3）命令行：Break

（4）快捷键：BR

3. 操作步骤

（1）启动命令；

（2）鼠标左键单击选中要打断的对象；

（3）鼠标左键单击一点，对象被打断。

提示：
圆不能被单点打断，在两点打断时是删除第一点逆时针到第二点间的圆弧。

4. 能力拓展

将图 3-2-17（a）中的圆按照图 3-2-17（b）所示位置打断，如图 3-2-17。

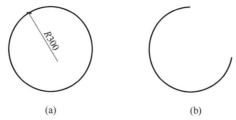

（a）   （b）

图 3-2-17　打断

命令行内容如下：

命令：略［按要求绘制图 **3-2-17（a）**，并进行复制］

命令：BR（命令行输入 **BR**，回车，启动打断命令）

Break

选择对象：［选择图 **3-2-17（b）**中的圆，按图所示鼠标左键单击下面位置点］

指定第二个打断点或［第一点（F）］：［按图 **3-2-17** 所示，鼠标左键单击图 **3-2-17（b）**上面位置点］

十二、合并

1. 命令功能

将相似的对象合并为一个对象。

2. 启动方法

（1）菜单栏：［修改］-［合并］

（2）工具栏：➡️

（3）命令行：Join

（4）快捷键：J

3. 操作步骤

（1）启动命令；

（2）鼠标左键单击选中要合并的第一个对象；

（3）鼠标左键单击另一个对象。

提示：

合并的对象必须位于相同的平面上且具有相似的特性，有诸多的条件限制，例如，要合并的直线对象必须共线，即位于同一条无限长的直线上；圆弧、椭圆弧对象必须位于同一个假想的圆或椭圆上，它们之间可以有间隙；样条曲线、螺旋线对象之间不能有间隙，端点坐标必须重合。

4. 能力拓展

将图 3-2-18（a）中的圆按照图 3-2-18（b）所示位置打断，再合并为图 3-2-18（c），如图 3-2-18。

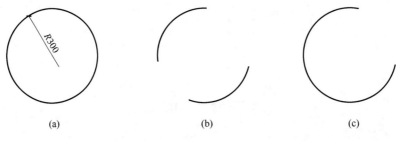

(a)　　　　　　　　　　　(b)　　　　　　　　　　　(c)

图 3-2-18　打断、合并

命令行内容如下：

命令：略［按要求绘制图 **3-2-18（a）**，复制，按图 **3-2-18（b）**所示进行两次打断，复制］

命令：**J**（命令行输入 **J**，回车）

Join

选择源对象或要一次合并的多个对象：找到 1 个（鼠标左键单击上面圆弧，回车）

选择要合并的对象：找到 1 个，总计 2 个

选择要合并的对象：（鼠标左键单击下面圆弧，回车）

2 条圆弧已合并为 1 条圆弧。

十三、倒角

1. 命令功能

在两条非平行线之间创建直线倒角，可以为直线、多段线、构造线和射线加倒角。对整条多段线进行倒角时，每个交点都被倒角。

2. 启动方法

（1）菜单栏：［修改］-［倒角］

（2）工具栏：

（3）命令行：Chamfer

（4）快捷键：CHA

3. 操作步骤

（1）启动命令；

（2）输入 D 设置倒角距离（倒角距离为 0，将两条直线延伸到交点上）；

（3）鼠标左键单击一条直线，然后鼠标左键单击另一条直线；或鼠标左键单击一条多段线对象，一次倒好这条多段线上全部的角。

提示:

倒角和圆角有时做不出来,可能是圆角半径或倒角距离相对于边长来讲数值过大或过小。过大不满足命令条件,过小命令会忠实执行但却看不出来。

4. 能力拓展

将图 3-2-19(a)中的矩形按照图 3-2-19(b)所示尺寸进行倒角,如图 3-2-19。

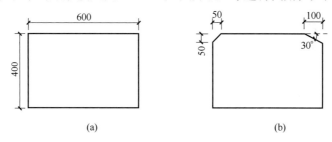

(a)　　　　　　　　　　　(b)

图 3-2-19　倒角

命令行内容如下:

命令:略[**按要求绘制图 3-2-19(a),并进行复制**]

命令:CHA(**命令行输入 CHA,回车**)

Chamfer

("修剪"模式)当前倒角距离 1=0.0000,距离 2=0.0000

选择第一条直线或[放弃(U)/多段线(P)/距离(D)/角度(A)/修剪(T)/方式(E)/多个(M)]: d(**命令行输入 D,回车**)

指定第一个倒角距离<50.0000>:50(**命令行输入 50,回车**)

指定第二个倒角距离<50.0000>:(**回车**)

选择第一条直线或[放弃(U)/多段线(P)/距离(D)/角度(A)/修剪(T)/方式(E)/多个(M)]:(**鼠标左键单击矩形左短边上端**)

选择第二条直线,或按住 Shift 键选择直线以应用角点或[距离(D)/角度(A)/方法(M)]:(**鼠标左键单击矩形上长边左端**)

命令:Chamfer(**再次启动倒角命令**)

("修剪"模式)当前倒角距离 1=50.0000,距离 2=50.0000

选择第一条直线或[放弃(U)/多段线(P)/距离(D)/角度(A)/修剪(T)/方式(E)/多个(M)]: a(**命令行输入 A,回车**)

指定第一条直线的倒角长度<100.0000>:100(**命令行输入 100,回车**)

指定第一条直线的倒角角度<30>:30(**命令行输入 30,回车**)

选择第一条直线或[放弃(U)/多段线(P)/距离(D)/角度(A)/修剪(T)/方式(E)/多个(M)]:(**鼠标左键单击矩形上长边右端**)

选择第二条直线,或按住 Shift 键选择直线以应用角点或[距离(D)/角度(A)/方法(M)]:(**鼠标左键单击矩形右短边上端**)

十四、圆角

1. 命令功能

用一段指定半径的圆弧连接两个对象，圆角圆弧与原始对象相切。

2. 启动方法

（1）菜单栏：［修改］-［圆角］
（2）工具栏：⌐
（3）命令行：Fillet
（4）快捷键：F

3. 操作步骤

（1）启动命令；
（2）输入 R 设置圆角半径（半径值为 0，将两条直线延伸到交点上）；
（3）鼠标左键单击一条直线，然后鼠标左键单击另一条直线；或鼠标左键单击一条多段线对象，一次倒好这条多段线上全部的角。

提示：

（1）在两个对象之间可以有多个圆角存在，圆角总是选择端点最靠近选中点的位置生成；
（2）对多段线执行圆角命令时，如果该多段线最后一段和开始点仅仅连接而不闭合，则该多段线第一个顶点不会被执行圆角；
（3）平行线之间的圆角不受半径影响；
（4）不仅在直线之间可以执行圆角命令，在圆、圆弧以及直线之间也可以执行此命令。

4. 能力拓展

将图 3-2-20（a）中的椅子按照图 3-2-20（b）所示尺寸进行圆角，如图 3-2-20。

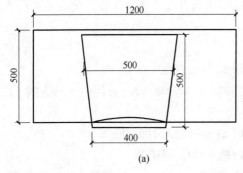
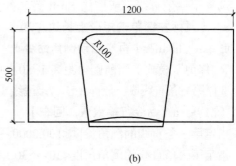

(a)   (b)

图 3-2-20　圆角

命令行内容如下：
命令：略［**按要求绘制图 3-2-20（a），并进行复制**］
F（**命令行输入 F，回车**）

Fillet

当前设置：模式=修剪，半径=0.0000

选择第一个对象或［放弃（U）/多段线（P）/半径（R）/修剪（T）/多个（M）］：r（**命令行输入 R，回车**）

指定圆角半径<0.0000>：100（**命令行输入 100，回车**）

选择第一个对象或［放弃（U）/多段线（P）/半径（R）/修剪（T）/多个（M）］：（**鼠标左键单击椅子左竖边**）

选择第二个对象，或按住 Shift 键选择对象以应用角点或［半径（R）］:（**鼠标左键单击椅子上横边，重复此命令完成椅子右边圆角**）

任务 3-3　夹点编辑

一、命令功能

在不启用 AutoCAD 命令的前提下，通过使用夹点对图形进行一系列的编辑操作，包括拉伸、移动、旋转、镜像等。

二、操作步骤

（1）选取对象，显示对象夹点；

（2）拾取一个夹点，执行默认的拉伸操作；也可以选择输入相应的参数，即可进入相应的编辑状态。

用夹点编辑命令将图 3-3-1（a）中的圆弧调整至图 3-3-1（b）状态，如图 3-3-1。

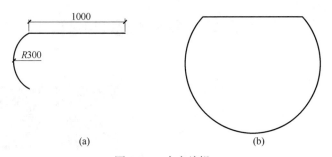

图 3-3-1　夹点编辑 1

命令行内容如下：

命令：略［**按要求绘制图 3-3-1（a），并进行复制**］

选择图 3-3-1（b）图中圆弧，鼠标左键单击选择下方夹点

拉伸

指定拉伸点或［基点（B）/复制（C）/放弃（U）/退出（X）］:（**鼠标左键单击直线右侧端点**）

（2）用夹点编辑命令将图 3-3-2（a）调整至图 3-3-2（b）状态，如图 3-3-2。

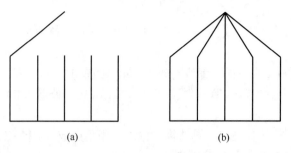

（a）　　　　　　　　　　　　（b）

图 3-3-2　夹点编辑 2

命令行内容如下：

命令：略［**按要求绘制图 3-3-2（a），并进行复制**］

选择 3-3-2（b）图中斜线段，单击选择下方夹点

拉伸

指定拉伸点或［基点（B）/复制（C）/放弃（U）/退出（X）］：c（命令行输入 C，回车）

拉伸

指定拉伸点或［基点（B）/复制（C）/放弃（U）/退出（X）］：

拉伸

指定拉伸点或［基点（B）/复制（C）/放弃（U）/退出（X）］：

拉伸

指定拉伸点或［基点（B）/复制（C）/放弃（U）/退出（X）］：

拉伸

指定拉伸点或［基点（B）/复制（C）/放弃（U）/退出（X）］：（**从左至右依次捕捉四条竖线段上端点，完成拉伸复制**）

任务 3-4　多线与多线编辑

一、多线

1. 命令功能

创建由 1~16 条平行线组成的多线，在建筑制图中常用来绘制墙线、窗线等。

2. 启动方法

（1）菜单栏：［绘图］-［多线］

（2）命令行：Mline

（3）快捷键：ML

3. 操作步骤

（1）启动命令；

（2）默认当前设置，指定起点；

（3）指定下一点；

（4）输入 C 闭合或者回车结束命令。

提示：

　　一般在使用多线之前要根据图形特点对多线样式进行设置。多线样式设置启动可以通过〔格式〕–〔多线样式〕进行。

二、多线编辑

1. 命令功能

　　修改多线及其元素。控制多线间的相交形式，增加、删除多线的顶点，控制多线的打断或结合。

2. 启动方法

（1）菜单栏：〔修改〕–〔对象〕–〔多线〕

（2）命令行：Mledit

（3）快捷键：鼠标左键双击多线

三、能力拓展

　　绘制窗户，如图 3-4-1。

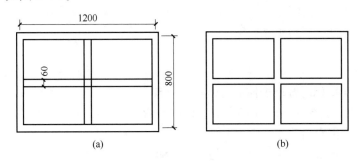

图 3-4-1　窗户

命令行内容如下：

命令：_mlstyle（格式–多线样式，打开多线样式对话框，进行设置，如图 **3-4-2**）

ML（命令行输入 **ML**，回车）

Mline

当前设置：对正=上，比例=20.00，样式=STANDARD

 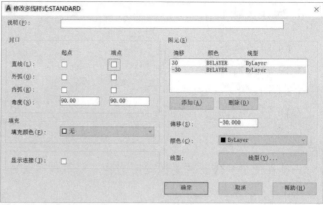

图 3-4-2　修改多线样式

指定起点或［对正（J）/比例（S）/样式（ST）］：j（命令行输入 **J**，回车，确定如何在指定的点之间绘制多线）

输入对正类型［上（T）/无（Z）/下（B）］<上>：Z（命令行输入 **Z**，回车，将光标作为原点绘制多线。其中 **T** 指在光标下方绘制多线；**B** 指在光标上方绘制多线）

当前设置：对正=无，比例=20.00，样式=STANDARD

指定起点或［对正（J）/比例（S）/样式（ST）］：s（命令行输入 **S**，回车，指定所绘制多线的比例。这个比例基于在多线样式定义中建立的宽度不影响线型比例，如比例因子为 **2** 时，绘制的多线宽度是样式定义宽度的两倍）

输入多线比例<20.00>：1（命令行输入 **1**，回车，即按多线样式定义的宽度 **60** 绘制多线）

当前设置：对正=无，比例=1.00，样式=STANDARD

指定起点或［对正（J）/比例（S）/样式（ST）］：

指定下一点：1200（命令行输入 **1200**，回车）

指定下一点或［放弃（U）］：800（命令行输入 **800**，回车）

指定下一点或［闭合（C）/放弃（U）］：1200（命令行输入 **1200**，回车）

指定下一点或［闭合（C）/放弃（U）］：c（命令行输入 **C**，回车，完成外框绘制）

命令：Mline（**再次启动多线命令**）

当前设置：对正=无，比例=1.00，样式=STANDARD

指定起点或［对正（J）/比例（S）/样式（ST）］：（**鼠标左键单击捕捉短边左侧中点**）

指定下一点：（**鼠标左键单击捕捉短边右侧中点**）

指定下一点或［放弃（U）］：（**回车或空格结束命令**）

命令：Mline（**再次启动多线命令**）

当前设置：对正=无，比例=1.00，样式=STANDARD

指定起点或［对正（J）/比例（S）/样式（ST）］：（**鼠标左键单击捕捉长边上侧中点**）

指定下一点：（**鼠标左键单击捕捉长边下侧中点**）

指定下一点或［放弃（U）］：（**回车或空格结束命令**）

命令：_mledit（**鼠标左键双击多线，启动多线编辑命令，如图 3-4-3**）

选择第一条多线：（**鼠标左键单击 T 形打开，回到绘图区，鼠标左键单击中间多线上端**）

选择第二条多线：（**鼠标左键单击与它相交的多线**）

选择第一条多线或［放弃（U）］:选择第一条多线或［放弃（U）］:

选择第二条多线:

选择第一条多线或［放弃（U）］:

选择第二条多线:

选择第一条多线或［放弃（U）］:

选择第二条多线:

选择第一条多线或［放弃（U）］:（同样的方法,依次鼠标左键单击中间多线以及与它们相交的多线,完成 T 形打开）

命令:_mledit（再次启动多线编辑命令）

选择第一条多线:（鼠标左键单击十字打开,回到绘图区,鼠标左键单击中间竖向多线）

选择第二条多线:（鼠标左键单击中间水平多线）

选择第一条多线或［放弃（U）］:（回车或空格结束命令）

图 3-4-3　多线编辑工具

◦ **能力训练与提高** ◦

一、绘制座椅平面图（左右扶手线宽为 30）,如图 3-5-1。

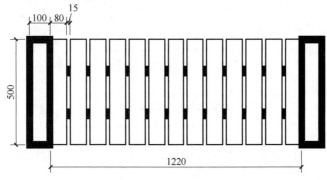

图 3-5-1　座椅平面图

二、绘制洗菜盆平面图，如图3-5-2。

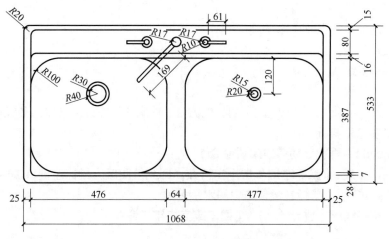

图 3-5-2　洗菜盆平面图

三、用阵列命令绘制地面拼花，如图3-5-3。

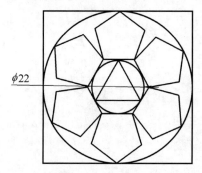

图 3-5-3　地面拼花

四、绘制桌椅平面图，如图3-5-4。

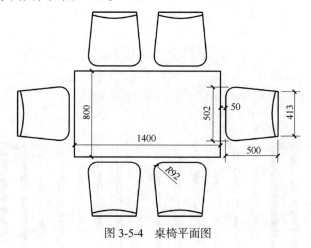

图 3-5-4　桌椅平面图

五、绘制花架平、立面图，如图3-5-5。

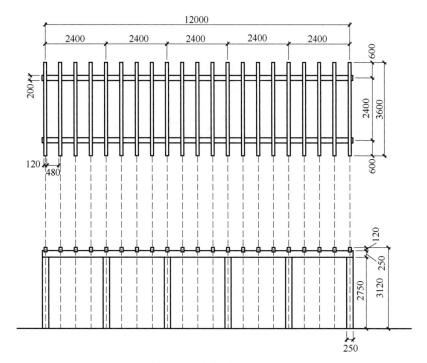

图 3-5-5 花架平、立面图

───○ **思考题** ○───

1. 复制对象可以使用哪些编辑命令?
2. 移动对象可以使用哪些编辑命令?
3. 改变对象的尺寸可以使用哪些编辑命令?
4. 倒角命令和圆角命令有什么区别?
5. 拉伸和延伸命令的异同有哪些?

标注命令

[学习目标]
（1）掌握图案填充、文字、表格、尺寸标注的操作方法；
（2）熟悉查询命令的使用，并能灵活运用。

[素养目标]
（1）在教学过程中，不仅让学生会使用命令，而且要让学生用好命令，熟知各种命令的特点。培养学生在绘图时加强对填充样式、文字外观、表格对齐、尺寸统一等方面的美学引导，强化学生的审美意识。
（2）绘制图形的目的是反映对象的形状和大小，在此阶段培养学生严谨制图的态度和一丝不苟的作风，并能灵活解决绘图过程中出现的各种标注问题。

[建议学时] 4 学时

任务 4-1　图案填充

一、图案填充简介

1. 命令功能

使用选定的图案或实体颜色填充封闭区域或选定对象。

2. 启动方法

（1）菜单栏：[绘图] - [图案填充]
（2）工具栏：▥
（3）命令行：Bhatch
（4）快捷键：H

3. 操作步骤

（1）提前绘制需要的闭合图形　启动命令，弹出 [图案填充和渐变色] 对话框。
（2）选择填充区域　方法有两种，一种是鼠标左键单击 [添加：拾取点] 按钮，窗口隐藏，在要填充的边界内鼠标左键单击一点，填充边界呈蓝色状态（如果命令行上显示"正在分析所选数据…"，说明边界太复杂，可简化边界或另外描绘一个闭合多段线作为边界，如果出现[边界定义错误]对话框，说明看上去闭合的边界有缝隙，可以设置一个[允许间隙值]，小于此值的间隙能够填充，或是仔细检查所有可能有间隙的接口，修改为闭合），回车，返回对话框，此方法适用于多个图形围合的填充边界；另一种是鼠标左键单击[添加：选择对象]按钮，窗口隐藏，在绘图区中鼠标左键单击边界对象，回车，返回对话框，此方法适用于自身闭合的填充边界。

（3）选择填充图案　在对话框中鼠标左键单击[样例图案]，弹出[填充图案选项板]，鼠标左键单击[其他预定义]选项卡，预览区显示文件 acadiso.pat 中预定义的图案；鼠标左键单击一个图案，选中图案，左上角 Solid 实体填充是用颜色充满区域；鼠标左键单击[确定]。四个选项卡中，ANSI 是美国标准图案，ISO 是国际标准图案，其他预定义是 AutoCAD 定义在 acadiso.pat 文件中的图案，可以用记事本等文本编辑器打开追加自定义图案，自定义是用户复制到 Support 文件夹中的自定义图案，每个文件仅定义一种图案。

（4）调整缩放比例和旋转角度　规划图、设计图、工程图等不同种类图纸的单位和尺度有所不同，一般要多次调整缩放比例才能使图案疏密适中。在对话框的[角度和比例]中输入数值。比例数值越大图案越稀疏，比例数值越小图案越密集，如果在预览时可以看到边界虚线，但并没有出现填充图案，命令行提示"图案填充间距太密，或短划尺寸太小"，则要输入较大的比例数值，如果提示"无法对边界进行图案填充"，一般要输入较小的比例数值。

（5）设置图案填充的原点　图案填充默认从边界的左下角开始，AutoCAD 2020 允许设置填充的原点，鼠标左键单击[图案填充原点]栏中的相应项目可以重新设置需要的原点。

（6）鼠标左键单击[预览]按钮，预览图案疏密，回车或空格返回[图案填充和渐变色]对话框，鼠标左键单击[确定]。

提示：

图案填充命令执行过程中要仔细察看命令行上的提示，因为命令不能顺利完成的未知因素太多，可能是边界过于复杂、边界有缝隙、图案过疏或过密等。

4. 能力拓展

绘制图形并填充图案，如图 4-1-1。
命令行内容如下：
命令：略（按要求绘制图形）
命令：H（命令行输入 H，回车，单击[添加：拾取点]）
Hatch
拾取内部点或[选择对象（S）/删除边界（B）]：正在选择所有对象…（**鼠标左键单击两矩形内部，回车**）
正在选择所有可见对象……
正在分析所选数据……
正在分析内部孤岛……
拾取内部点或[选择对象（S）/删除边界（B）]：（**返回图案填充对话框，按图形选择[样例]、修改[比例]，单击[预览]**）

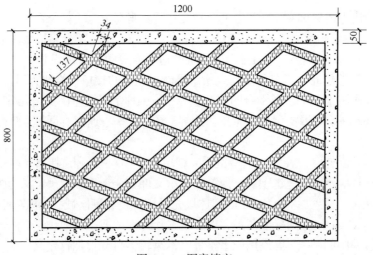

图 4-1-1　图案填充

　　拾取或按 Esc 键返回到对话框或<单击鼠标右键接受图案填充>：（回车，返回图案填充对话框，鼠标左键单击［确定］）

　　以同样的操作方法进行内部图案的填充。

二、渐变色填充

1. 命令功能

　　渐变色填充是使用渐变色填充封闭区域或闭合对象，是实体图案填充，能够体现出光照在平面上而产生的过渡颜色效果。可以在二维图形中表示实体，如建筑物的顶面。

2. 启动方法

　　（1）菜单栏：［绘图］-［渐变色］
　　（2）工具栏：▣
　　（3）命令行：Gradient

3. 操作步骤

　　（1）鼠标左键单击绘图工具栏上的［图案填充］按钮，弹出［图案填充和渐变色］窗口；
　　（2）鼠标左键单击［渐变色］选项卡；
　　（3）鼠标左键单击［添加：拾取点］/［添加：选择对象］按钮，定义填充边界；
　　（4）鼠标左键单击［颜色浏览］按钮，打开［选择颜色］对话框，鼠标左键单击［索引颜色］模式选项卡，鼠标左键单击选择一种颜色，鼠标左键单击［确定］；
　　（5）鼠标左键单击选择渐变类型［单色］/［双色］；
　　（6）在［角度］下拉列表中选择角度；
　　（7）鼠标左键单击［预览］按钮，预览图案，回车或空格返回［图案填充和渐变色］对话框，鼠标左键单击［确定］。

三、编辑已填充图案

如果要更改已经填充的图案或是修改图案疏密度等特性，鼠标左键双击要编辑的填充图案，弹出［图案填充和渐变色］窗口，操作与创建图案填充时一样。也可以用编辑图案命令，在任意工具栏上单击鼠标右键（即鼠标右击），打开［修改Ⅱ］工具栏，鼠标左键单击［编辑图案填充］按钮，鼠标左键单击要编辑的填充图案，也会弹出［图案填充和渐变色］窗口。

四、用继承特性填充

如果在填充图形时所采用的图案、疏密程度等与已经有的填充相同，可用继承特性的方法填充。

操作方法：

（1）启动图案填充命令；

（2）鼠标左键单击［图案填充和渐变色］窗口中的［继承特性］按钮，窗口隐藏，在绘图区中鼠标左键单击已经有的填充图案；

（3）鼠标左键单击要填充的闭合图形边界，或鼠标左键单击拾取内部点，边界呈蓝色状态，回车，鼠标左键单击［确定］。

任务4-2　边界、面域与查询

一、边界、面域

1. 命令功能

从形成闭合区域的重叠对象的边界创建多段线或面域。使用边界方式创建的多段线是独立的闭合对象，与用来创建它的原始边界对象不同。生成的边界对象可用于面积测算，也可用于图案填充。

2. 启动方法

（1）菜单栏：［绘图］-［边界］/［面域］

（2）工具栏：⬛（面域）

（3）命令行：Boundary/Region

（4）快捷键：BO/REG

3. 操作步骤

（1）创建相交的闭合图形；

（2）启动［边界］命令，弹出［边界创建］窗口；

（3）鼠标左键单击［拾取点］按钮，在图形围合区域中鼠标左键单击一点，回车。

有时边界并不满足创建多段线的条件,在围合区域中鼠标左键单击拾取点后,弹出警告对话框,鼠标左键单击[是],可创建面域(一般带有样条曲线的闭合图形只能用面域命令)。边界多段线是围合一个区域的线框,而面域是一个没有厚度的板子。生成的面域也可用于面积测算和图案填充,但不能做偏移等修改操作。

4. 能力拓展

绘制图 4-2-1(c)图形,如图 4-2-1。

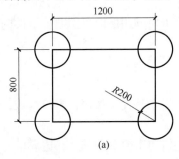 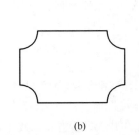 

(a)   (b)   (c)

图 4-2-1 　边界

命令行内容如下:

命令:略[按要求绘制图形图 4-2-1(a),并复制]

命令:TR(命令行输入 TR,回车)

Trim

当前设置:投影=UCS,边=延伸

选择剪切边……

选择对象或<全部选择>:(回车,执行全部选择命令)

选择要修剪的对象或按住 Shift 键选择要延伸的对象,或者

[栏选(F)/窗交(C)/投影(P)/边(E)/删除(R)]:[根据图形图 4-2-1(b)进行修剪,并复制]

命令:BO(命令行输入 BO,回车)

Boundary

拾取内部点:正在选择所有对象……(弹出[边界创建]窗口,鼠标左键单击[拾取点]按钮)

正在选择所有可见对象……

正在分析所选数据……

正在分析内部孤岛……

拾取内部点:(在图形围合区域中鼠标左键单击一点,回车)

Boundary 已创建 1 个多段线

命令:O(命令行输入 O,回车)

Offset

当前设置:删除源=否　图层=源　OFFSETGAPTYPE=0

指定偏移距离或[通过(T)/删除(E)/图层(L)]<80.0000>:80(命令行输入 80,回车)

选择要偏移的对象，或〔退出（E）/放弃（U）〕<退出>：**（选择创建边界的图形，回车）**
指定要偏移的那一侧上的点，或〔退出（E）/多个（M）/放弃（U）〕<退出>：
选择要偏移的对象，或〔退出（E）/放弃（U）〕<退出>：**（在图形内单击鼠标左键）**

二、查询

1. 命令功能

快速查询图中信息，包括距离、半径、角度、面积、体积、面域、列表、点坐标、时间、状态等。本篇讲述常用的查询工具：距离、面积。

2. 启动方法

（1）菜单栏：〔工具〕-〔查询〕
（2）快捷键：查询距离（DI）、查询面积（AA）

3. 操作步骤

（1）查询距离
① 创建图形，启动〔查询距离〕命令；
② 鼠标左键单击指定第一点、第二点，命令行即显示查询图形的距离。
（2）查询面积
① 创建图形，启动〔查询面积〕命令；
② 按命令行提示，执行〔指定第一个角点〕、〔对象（O）〕、〔增加面积（A）〕、〔减少面积（S）〕等命令。

提示：

如果所查询的图形既不是多段线，也不是规则图形，则需要对其进行边界或面域后再进行面积查询。

4. 能力拓展

查询图中阴影部分面积，如图 4-2-2。

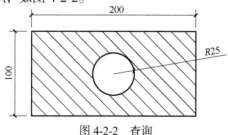

图 4-2-2　查询

命令行内容如下：
命令：略**（按要求绘制图形）**
命令：AA**（命令行输入 AA，回车）**
Area

指定第一个角点或［对象（O）/增加面积（A）/减少面积（S）］<对象（O）>：a（命令行输入 A，回车）

指定第一个角点或［对象（O）/减少面积（S）］：o（命令行输入 O，回车）

（"加"模式）选择对象：（鼠标左键单击矩形）

区域=20000，周长=600

总面积=20000

（"加"模式）选择对象：（回车）

区域=20000，周长=600

总面积=20000

指定第一个角点或［对象（O）/减少面积（S）］：s（命令行输入 S，回车）

指定第一个角点或［对象（O）/增加面积（A）］：o（命令行输入 O，回车）

（"减"模式）选择对象：（鼠标左键单击圆形，回车）

区域=1963，圆周长=157

总面积=18037

（"减"模式）选择对象：（回车）

区域=1963，圆周长=157

总面积=18037

指定第一个角点或［对象（O）/增加面积（A）］：（回车）

总面积=18037（也可以用查询面积命令直接查询填充图案的面积）

任务 4-3 文字和表格

一、文字样式设置

1. 命令功能

文字样式是用来控制文字的字体、字高、角度、方向等。AutoCAD 图形中的文字都有与它关联的文字样式，当关联的文字样式因修改发生变化时，图形中所有此样式的文字外观就会自动修改。

一个图形文件可以有多个文字样式，AutoCAD 提供的国标字体的中文字库与英文及数字字库是分离的，由三个文件组成：gbenor.shx 英文及数字正体、gbeitc.shx 英文及数字斜体、gbcbig.shx 汉字库。

2. 启动方法

（1）菜单栏：［格式］-［文字样式］

（2）工具栏：样式工具栏-

（3）命令行：Style

（4）快捷键：ST

3. 操作步骤

（1）在文字样式对话框中，鼠标左键单击［新建］按钮，键盘输入标注文字，如图4-3-1；

图 4-3-1　文字样式

（2）鼠标左键单击［SHX 字体］下拉列表，在列表中找到［gbenor.shx］，在［大字体］列表中找到［gbcbig.shx］，文字高度保持为0；

（3）鼠标左键单击［应用］按钮、［关闭］按钮，退出文字样式对话框。

提示：

（1）高度值一定要为0，因为标注用文字的字高是在标注样式定义中设置的。

（2）插入国标建筑图框时已隐藏插入了标注样式及相应的标注文字样式，也可以利用设计中心将其他图形文件中定义过的文字样式拖动到当前图形中来。

二、单行文字

1. 命令功能

单行文字主要用于输入文字较少且字体样式设置一致的文字。

2. 启动方法

（1）菜单栏：［绘图］-［文字］-［单行文字］
（2）工具栏：文字工具栏-Ａ
（3）命令行：Dtext
（4）快捷键：DT

3. 能力拓展

按要求绘制图4-3-2，并用单行文字进行文字标注，如图4-3-2。

命令行内容如下：

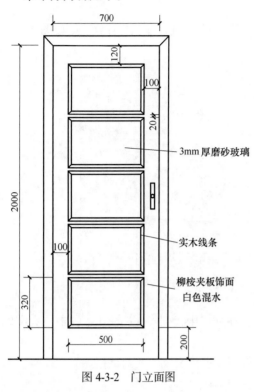

图 4-3-2　门立面图

通过文本编辑命令对其中的文字进行修改。

命令：略（按尺寸绘制门，并在相应文字标注处用直线绘制引线）

命令：DT（命令行输入 **DT**，回车）

Text

当前文字样式："标注文字"文字高度：2.5　注释性：否　对正：左

指定文字的起点或[对正(J)/样式(S)]：（绘图区最上面引线处单击鼠标左键）

指定高度<10.0000>：50（命令行输入 **50**，回车）

指定文字的旋转角度<0>：（回车，输入文字，回车两次结束命令）

（重复以上命令，进行文字标注）

三、多行文字

1. 命令功能

多行文字用于输入文本较多的文字。多行文字可以充满指定宽度的矩形区域，并可以进行移动、旋转、拉伸等编辑操作，还可以

2. 启动方法

（1）菜单栏：[绘图]-[文字]-[多行文字]
（2）工具栏：**A**
（3）命令行：Text
（4）快捷键：T

3. 操作步骤

（1）启动多行文字命令；
（2）绘图区指定多行文字矩形边界，弹出[文字格式]对话框（如图 4-3-3）；

图 4-3-3　文字格式

（3）按照要求设定相关参数，输入文字，鼠标左键单击[确定]。

四、特殊文字

AutoCAD 中特殊字符是指图形中一些无法通过标准键盘直接键入的字符，如直径符号、角度符号、正负号等。在多行文字输入文字时可以使用多行文字编辑器的 按钮输入特殊字符；在单行文字输入时则需要采用特定的代码进行输入，如表 4-3-1。

表 4-3-1　特殊文字符号

符号	代码
直径符号	%%C
正负号	%%P
度数	%%D
加下划线	%%U
加上划线	%%O

五、文字修改

1. 鼠标左键双击修改文字

如果要编辑修改已经书写好的文字，可以鼠标左键双击已写好的文字，重新进入文字编辑窗口，像新输入的文字那样编辑修改。

2. 通过特性匹配修改文字

如果需要将文字的特性复制到其他文字上，可以通过［特性匹配］工具进行修改。
启动方法：
（1）工具栏：标准工具栏-
（2）命令行：Matchprop
（3）快捷键：MA

3. 通过特性工具栏修改文字

如果一次性需要修改大量文字的字高等特性，可以用［特性］对话框编辑修改文字及属性，如图 4-3-4。
启动方法：
（1）菜单栏：［修改］-［特性］
（2）工具栏：标准工具栏-

图 4-3-4　修改特性

六、表格制作

1. 命令功能

表格是在行和列中包含数据的对象。创建表格对象时，首先创建一个空表格，然后在表格的单元格中添加内容。表格是一个整体对象，隶属于一个图层，分解命令可以将其分解为次一级的组成对象，但分解后不能再使用表格编辑对其修改。

2. 启动方法

（1）菜单栏：［绘图］-［表格］
（2）工具栏：⊞
（3）命令行：Table

3. 操作步骤

（1）启动表格命令，弹出［插入表格］对话框，如图 4-3-5；

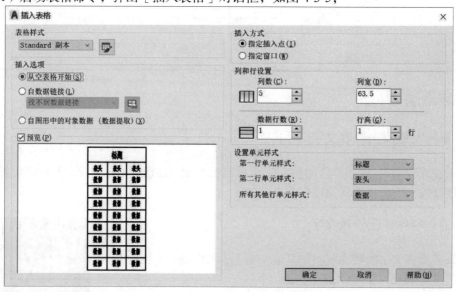

图 4-3-5　插入表格

（2）鼠标左键单击［启动"表格样式"对话框］按钮，弹出［表格样式］对话框，如图 4-3-6；

（3）鼠标左键单击［新建］按钮，弹出［新建表格样式］对话框，设置相应参数，鼠标左键单击［确定］，如图 4-3-7；

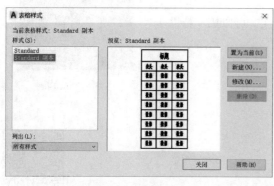

图 4-3-6　表格样式

图 4-3-7　新建表格样式

（4）返回［表格样式］对话框，鼠标左键单击［置为当前］按钮，鼠标左键单击［关闭］；

（5）返回［插入表格］对话框，设置相应参数，鼠标左键单击［确定］，返回绘图区，插入表格，输入数据内容。

4. 编辑表格

鼠标左键单击需要修改的表格，当选中整个表格时，可以通过鼠标移动夹点修改表格大小；当选中表格单元时，弹出［表格］编辑工具栏（图4-3-8）。利用表格编辑工具栏或者鼠标单击右键显示快捷菜单，可以对表格进行复制、剪切、删除等操作，还可以均匀调整表格的行、列、对齐、合并、运算等。

图 4-3-8　表格编辑工具栏

5. 能力拓展

绘制表格，如表4-3-2。

表 4-3-2　分数统计表

班级	85~100 分	70~84 分	60~69 分	60 分以下
建筑学 1 班	8	10	7	3
建筑学 2 班	6	13	5	2
建筑学 3 班	10	12	4	0
合计	24	35	16	5

操作步骤如下：

（1）鼠标左键单击 ▦，弹出［插入表格］对话框，鼠标左键单击 ▣ 对话框，鼠标左键单击［新建］，弹出［新建表格样式］对话框，设置新建表格样式中的［对齐］设为［正中］，标题文字高度设为10，表头和数据文字高度设为8，鼠标左键单击［确定］按钮，返回［表格样式］对话框，鼠标左键单击［置为当前］按钮，鼠标左键单击［关闭］。

（2）返回［插入表格］对话框，设置相应列数、列宽、数据行数、行高，如图4-3-9。

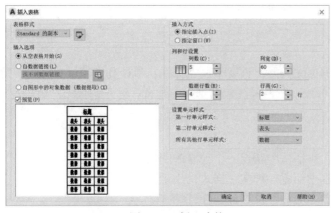

图 4-3-9　插入表格

图 4-3-10　运算

（3）在绘图区插入表格，在每个单元格内按照图示内容输入数据，合计分数不用输入。

（4）鼠标左键单击任意一个单元格，出现表格编辑工具栏，调整数据的对齐方式。

（5）选中合计栏的一个单元格，鼠标左键单击表格编辑工具栏上［求和］按钮，如图4-3-10，选择表格单元范围的第一个角点和第二个角点，分别计算出每一列的合计分数。

任务 4-4　尺寸标注

一、命令功能

尺寸标注是图形设计中一项重要的工作，可以真实反映图形对象的大小和相互位置。

二、认识尺寸标注

1. 组成

一个完整的尺寸标注是由标注文字、尺寸界限、起止符号、尺寸线组成，是一个整体，分解命令可以将其分解成元素对象，如图4-4-1。标注文字是用于指示测量值的字符串，还可以包含前缀、后缀和公差。尺寸线用于指示标注的方向和范围，角度标注的尺寸线是一段圆弧，一般用细实线表示。尺寸界线，也称为投影线，从部件延伸到尺寸线，一般用细实线，超出尺寸线 2~3mm。起止符号，也称箭头，显示在尺寸线的两端，可以为箭头或标记指定不同的尺寸和形状。

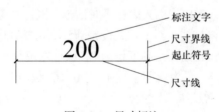

图 4-4-1　尺寸标注

2. 类型

AutoCAD 提供了五种基本的标注类型：长度型尺寸标注、半径和直径尺寸标注、角度标注与其他、多重引线标注、公差标注。线性标注包括水平、垂直、对齐、基线、连续标注等。

3. 标注步骤

（1）在［图层特性管理器］对话框中新建一个独立的图层，用于尺寸标注；

（2）在［文字样式］对话框中新建一种文字样式，用于尺寸标注；

（3）打开［标注样式管理器］对话框设置标注样式；

（4）使用对象捕捉和相应的尺寸标注类型进行尺寸标注。

三、标注样式管理器

1. 命令功能

标注样式管理器主要用于创建或设置尺寸标注的样式，如图 4-4-2。

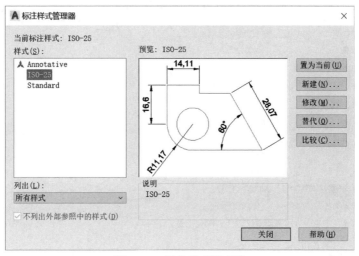

图 4-4-2　标注样式管理器

2. 启动方法

（1）菜单栏：［格式］-［标注样式］
（2）工具栏：
（3）命令行：Dimstyle
（4）快捷键：D

3. 设置标注样式

在［标注样式管理器］对话框中鼠标左键单击［新建］按钮，弹出［创建新标注样式］对话框，如图 4-4-3。在［新样式名］列表框中输入新的标注样式名称，鼠标左键单击［继续］按钮，弹出［新建标注样式］对话框，该对话框中包含［线］、［符号和箭头］、［文字］、［调整］、［主单位］、［换算单位］和［公差］7 个选项卡，如图 4-4-4。

图 4-4-3　创建新标注样式

（1）［线］
［线］选项卡包括尺寸线和尺寸界线两个选项组，如图 4-4-4。

在［尺寸线］选项组中，可以设置尺寸线的颜色、线宽、超出标记以及基线间距等属性。

在［尺寸界线］选项组中，可以设置尺寸界线的颜色、线宽、超出尺寸线和起点偏移量等属性。

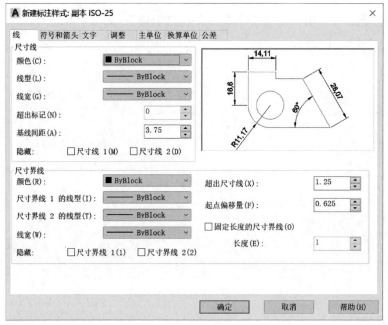

图 4-4-4　线

（2）［符号和箭头］

［符号和箭头］选项卡包括［箭头］、［圆心标记］、［弧长符号］、［折断标注］、［半径折弯标注］和［线性折弯标注］六个选项组，如图 4-4-5。

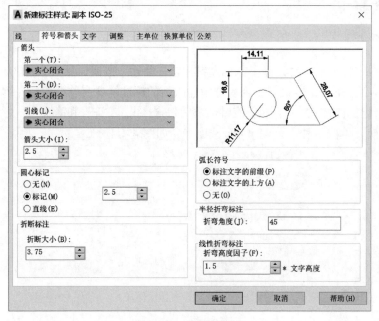

图 4-4-5　符号和箭头

在［箭头］选项组中，可以设置尺寸线和引线箭头的类型及尺寸大小等。一般情况下，第一个和第二个箭头应一致。

在［圆心标记］选项组中，可以设置圆或圆弧的圆心标记类型，包括无、标记和直线三种类型。

在［弧长符号］选项组中，可以设置弧长符号显示的位置，包括标注文字的前缀、标注文字的上方和无三种类型。

（3）［文字］

［文字］选项卡包括［文字外观］、［文字位置］和［文字对齐］三个选项组，如图 4-4-6。

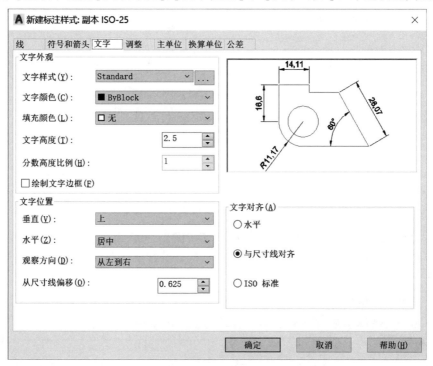

图 4-4-6　文字

在［文字外观］选项组中，可以设置文字样式、文字颜色、文字高度、分数高度比例和绘制文字边框。其中［分数高度比例］是设置标注文字中的分数相对于其他标注文字的比例，在 AutoCAD 中将该比例值与标注文字高度的乘积作为分数的高度；［绘制文字边框］复选框设置是否给标注文字加边框。

在［文字位置］选项组中，可以设置文字的垂直、水平、观察方向和从尺寸线偏移。

在［文字对齐］选项组中，可以设置文字的对齐方式，包括水平、与尺寸线对齐和 ISO 标准。

（4）［调整］

［调整］选项卡包括［调整选项］、［文字位置］、［标注特征比例］和［优化］四个选项组，如图 4-4-7。

在［调整选项］选项组中，如果尺寸界线之间没有足够的空间来放置文字和箭头，推荐最佳效果是文字或箭头首先从尺寸界线中移出。

在［文字位置］选项组中，可以设置当文字不在默认位置上时，将其放置的位置包括尺寸

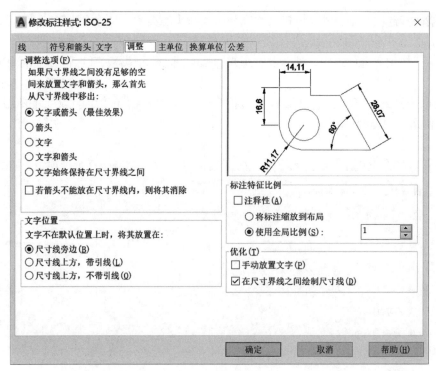

图 4-4-7　调整

线旁边、尺寸线上方，带引线、尺寸线上方，不带引线，一般选择第二个选项。

在［标注特征比例］选项组中，可以设置标注尺寸的特征比例，通过设置使用全局比例来改变标注的大小。

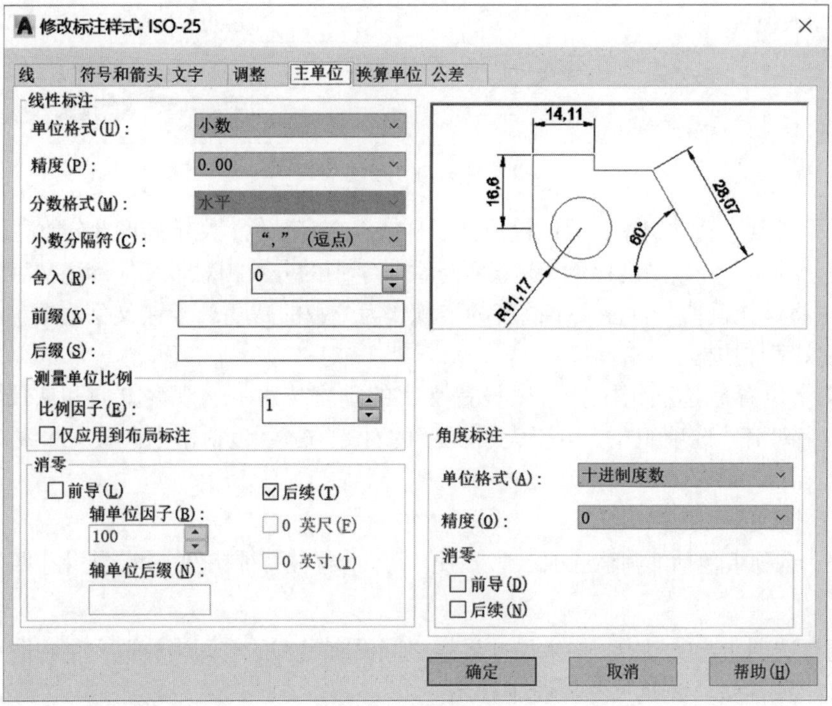

图 4-4-8　主单位

在［优化］选项组中，可以对标注文本和尺寸线进行微调，包括手动放置文字和在尺寸界线之间绘制尺寸线。［手动放置文字］选项则忽略标注文字的水平设置，在标注时可以将标注文字放置在指定的位置；［在尺寸界线之间绘制尺寸线］选项则是当尺寸箭头放置在尺寸界线之外时，也可以在尺寸界线内绘制出尺寸线。

（5）［主单位］

［主单位］选项卡包括［线性标注］和［角度标注］两个选项组，如图4-4-8。

在［线性标注］选项组中，可以设置线性标注的单位格式与精度等。

在［角度标注］选项组中，可以设置角度标注的单位格式和精度等。

（6）［换算单位］

［换算单位］选项卡可以设置换算单位的格式，包括［换算单位］、［消零］和［位置］三个选项组，如图4-4-9。

图 4-4-9　换算单位

勾选［显示换算单位］复选框，可以启动换算单位命令。在 AutoCAD 中，通过换算单位可以转换使用不同测量单位制的标注，换算标注单位显示在主单位旁边的方括号中。

（7）［公差］

［公差］选项卡可以设置是否标注公差和标注尺寸公差的样式，包括［公差格式］和［换算单位公差］两个选项组，如图4-4-10。当改变［公差格式］中的［方式］后，可以启动公差选项卡中的命令选项。

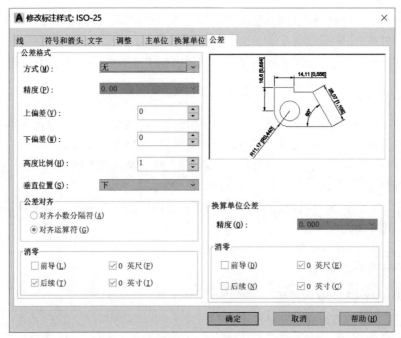

图 4-4-10　公差

四、创建尺寸标注

1. 线性标注

（1）命令功能
线性标注主要用于标注水平方向和垂直方向的尺寸。
（2）启动方法
① 菜单栏：[标注]-[线性]
② 标注工具栏：
③ 命令行：Dimlinear

2. 对齐标注

（1）命令功能
对齐标注是线性标注的一种特殊形式，主要用于标注与线段平行的尺寸。
（2）启动方法
① 菜单栏：[标注]-[对齐]
② 标注工具栏：
③ 命令行：Dimaligned

3. 弧长标注

（1）命令功能
弧长标注主要用于标注圆弧的长度。

（2）启动方法

① 菜单栏：［标注］-［弧长］

② 标注工具栏：

③ 命令行：Dimarc

4. 坐标标注

（1）命令功能

坐标标注主要用于标注图形中相对于用户坐标原点的某一点的坐标。

（2）启动方法

① 菜单栏：［标注］-［坐标］

② 标注工具栏：

③ 命令行：Dimordinate

5. 半径标注

（1）命令功能

半径标注主要用于标注圆和圆弧的半径。

（2）启动方法

① 菜单栏：［标注］-［半径］

② 标注工具栏：

③ 命令行：Dimradius

6. 直径标注

（1）命令功能

直径标注主要用于标注圆和圆弧的直径。

（2）启动方法

① 菜单栏：［标注］-［直径］

② 标注工具栏：

③ 命令行：Dimdiameter

7. 角度标注

（1）命令功能

角度标注主要用于标注两直线之间的夹角或圆弧的圆心角。

（2）启动方法

① 菜单栏：［标注］-［角度］

② 标注工具栏：

③ 命令行：Dimangular

8. 快速标注

（1）命令功能

快速标注可以依次标注多个对象或编辑现有标注。

（2）启动方法

① 菜单栏：[标注]-[快速标注]

② 标注工具栏：

③ 命令行：QDim

9. 基线标注

（1）命令功能

基线标注主要是创建自同一条尺寸界线测量的多个标注。

（2）启动方法

① 菜单栏：[标注]-[基线]

② 标注工具栏：

③ 命令行：Dimbaseline

10. 连续标注

（1）命令功能

连续标注主要是创建首尾相连的多个标注。在进行连续标注之前，必须先创建或选择一个线性、坐标或角度标注作为基准标注，以确定连续标注所需要的前一尺寸标注的尺寸界线。

（2）启动方法

① 菜单栏：[标注]-[连续]

② 标注工具栏：

③ 命令行：Dimcontinue

五、编辑尺寸标注

1. 命令功能

编辑标注命令可以编辑已有标注的标注文字内容和放置位置，包括默认、新建、旋转和倾斜四个选项。如只需修改标注文字格式，可直接鼠标左键双击标注文字进行修改。

2. 启动方法

① 标注工具栏：

② 命令行：Dimedit

3. 编辑标注文字的位置

[标注]菜单下的[对齐文字]命令和[标注]工具栏的[编辑标注文字]命令都可以修改尺寸标注的文字位置，也可以采用夹点编辑的方式移动标注文字位置。启动命令后，选择要修改的尺寸标注，可以为标注文字指定新位置或执行[左对齐（L）/右对齐（R）/居中（C）/默认（H）/角度（A）]等命令。

一、按要求绘制图形，并标注尺寸和文字，如图 4-5-1。

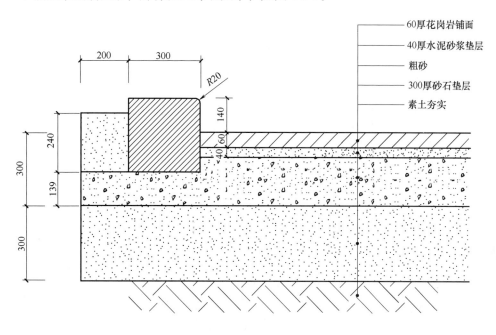

图 4-5-1　剖面图

二、输入下列特殊文字。

± 0.000　　　60°　　　$\phi 30$　　　2/3

三、按要求输入下列文字。把"楼顶工程"加粗；冒号和逗号处断行；数字及单位改为斜体加下划线；"直径"改为直径符号。

楼顶工程：楼顶遮雨板外伸 40cm，上贴瓷砖并安装防雷设施，楼顶 50cm 高石棉瓦隔垫层，三楼顶浇高 2.8m、直径 300cm 的柱子。

四、绘制图中表格，如表 4-5-1。

表 4-5-1　用地平衡表

总用地面积		面积	百分比
		3.67ha	100%
其中	住宅用地	1.81ha	49.2%
	公建用地	0.68ha	18.5%
	公共绿地	0.62ha	16.9%
	道路广场	0.56ha	15.4%

五、绘制台阶立面图，并用基线标注命令标注尺寸，如图 4-5-2。

六、绘制广场铺装大样图及剖面图，并标注尺寸和文字，如图 4-5-3。

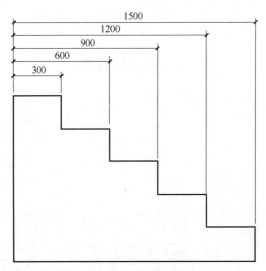

图 4-5-2　台阶立面图

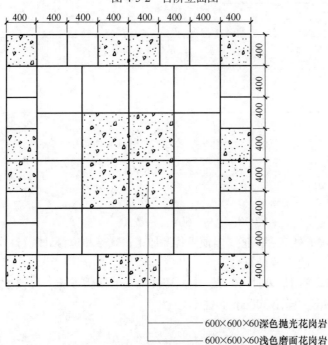

600×600×60深色抛光花岗岩
600×600×60浅色磨面花岗岩

60厚花岗岩
30厚干硬性水泥砂浆
100厚C20混凝土
150厚3:7灰土
素土夯实

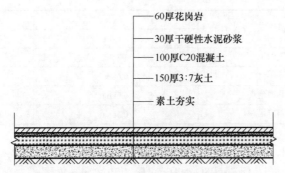

图 4-5-3　广场铺装大样图及剖面图

思考题

1. 图案填充的类型有哪些?
2. 图案填充原点不同,填充区域的图案是否一致?
3. 边界和面域有什么区别?
4. 查询距离命令和尺寸标注距离命令有什么不同?
5. 如何创建文字样式?
6. 单行文字和多行文字有何区别?
7. 如何编辑表格内容?
8. 尺寸标注由哪几个部分组成?
9. 创建尺寸标注的步骤是什么?
10. 尺寸标注包括哪些类型?线性标注和对齐标注的区别是什么?
11. 基线标注和连续标注有什么区别?
12. 如何修改尺寸标注?

项目五

图层与图块

[学习目标]

（1）掌握图层、线型、线宽和颜色的相关概念、特性以及设置方法；

（2）掌握图块的意义、特点、分类以及创建和插入的方法；掌握带属性的块的定义方法；

（3）灵活掌握图层和图块命令在图形绘制中的应用。

[素养目标]

（1）图层和图块的命令都是为了方便绘图与修改，加强绘图的准确性，有助于提高绘图速度；此阶段能够使学生养成归纳总结的习惯，促进思维能力培养。

（2）通过绘制常用图块符号，建立图库，积累大量素材，节省重复绘图的时间，提高绘图效率，并养成资源共享、协同合作的分享精神。

[建议学时] 4学时

任务5-1 图 层

一、图层的启用

1. 命令功能

在 AutCAD 中，为了方便图形的绘制和修改，加强图形的管理，需要对图形进行合理的分层。对于不同类型的图形可以按照图纸内容和要求来设置和选用不同的图层、线型、线宽和颜色。一般常用的图层分类方法有两种：一是按照图纸要素的内容进行分类，如建筑、道路、植物、水体等；二是按照图形的特征进行分类，如粗实线、细实线、点划线等。

通过图层的设置，可以在绘图和修改时单独对每一层进行管理。每个图层都有单独的特性，包括名称、颜色、线型、线宽等，还可以通过设置每个图层上的关闭（打开）、冻结（解冻）、锁定（解锁）等特征来改变图层的状态。

2. 图层特性管理器启动方法（如图5-1-1）

（1）菜单栏：[格式]-[图层]

（2）图层工具栏：

图 5-1-1　图层特性管理器

（3）命令行：Layer

（4）快捷键：LA

二、图层的管理

1. 图层的新建、删除、置为当前

（1）新建图层

在［图层特性管理器］中，鼠标左键单击［新建图层］![按钮]按钮，创建新图层。输入图层名称，空白处单击，完成图层命名。修改图层名称，可通过选择修改的图层，鼠标左键单击对应图层的［名称］，或者在需要修改图层的名称处鼠标单击右键，在快捷菜单中选择［重命名图层］，即可进行修改。

（2）删除图层

在［图层特性管理器］中，选择图层，鼠标左键单击［删除图层］![按钮]按钮，或在需要删除图层上单击鼠标右键，在快捷菜单中选择［删除图层］，即完成图层删除。

（3）置为当前

在［图层特性管理器］中，选择图层，鼠标左键单击［置为当前］![按钮]按钮，或在需要设置为当前层的图层上单击鼠标右键，在快捷菜单中选择［置为当前］，该图层即可成为当前层。

另外，在［图层］工具栏中，鼠标左键单击［图层控制］下拉列表框，直接鼠标左键单击需要设置为当前层的图层，也可以完成当前层的设置。

2. 打开或关闭图层

在［图层特性管理器］相应的图层中鼠标左键单击［开］![按钮]按钮，可以控制图层的开或关。图标呈黄色即打开状态，呈灰色即关闭状态。

开关按钮控制图层的打开和关闭。关闭图层后，对象在绘图区不可见，用户无法对其进行编辑和输出，可以起到保护作用。关闭当前层后，绘制的图形不可见。

3. 冻结或解冻图层

在［图层特性管理器］相应的图层中鼠标左键单击［冻结］![按钮]按钮，可以控制图层的冻结或解冻。图标呈灰色即处于冻结状态，反之则是解冻状态。

图层被冻结后，该图层上的对象同关闭按钮状态一样是不可见的，用户无法对其进行编辑，也不能打印输出。当前层不能被冻结。

4. 锁定或解锁图层

在［图层特性管理器］相应的图层中鼠标左键单击［锁定］🔓按钮，可以控制图层的锁定或解锁。图标呈灰色即处于锁定状态，反之则是解锁状态。

图层被锁定后是可见的，也可以在该图层上绘图，但无法编辑锁定图层上的对象。锁定图层的目的是为了防止图形被误删。当前层可以被锁定。

5. 图层颜色的设置

在［图层特性管理器］相应的图层中鼠标左键单击［颜色］█白按钮，弹出［选择颜色］对话框，如图 5-1-2。通过鼠标左键单击任意色块，选中需要的颜色，也可以在［真彩色］或［配色系统］面板内选择更多颜色。一般常选用［索引颜色］面板中的第二个和第三个调色板中的颜色。

另外，在［特性］工具栏中，鼠标左键单击［颜色控制］下拉列表框，选择［随层］，也可以根据需要选择其他颜色，如图 5-1-3。

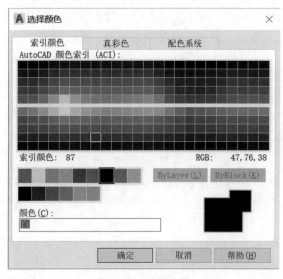

图 5-1-2　选择颜色

图 5-1-3　颜色控制

6. 图层线型的设置

在绘制图形时，需要按要求对图形中不同的线进行样式设置，如实线、虚线、点划线等。AutoCAD 图层特性管理器中提供了多种线型文件，其中 acadiso.lin 为默认的加载文件。如果需要使用其他线型，必须进行线型加载。

（1）加载线型

在［图层特性管理］对话框中，鼠标左键单击［线型］ Continu... 按钮，弹出［选择线型］对话框，如图 5-1-4。鼠标左键单击［加载］，弹出［加载或重载线型］对话框，如图 5-1-5，选择一种需要的线型，鼠标左键单击［确定］按钮，返回［选择线型］对话框，在［选择线型］

对话框中选择加载的线型，鼠标左键单击［确定］按钮。

图 5-1-4　选择线型

图 5-1-5　加载或重载线型

另外，在［特性］工具栏中，鼠标左键单击［线型控制］下拉列表框中的［其他］按钮，弹出［线型管理器］对话框，如图 5-1-6。鼠标左键单击［加载］按钮，弹出［加载或重载线型］对话框，按照上述步骤，完成线型加载后返回［线型管理器］对话框，选中新加载的线型鼠标左键单击右上角的［当前］按钮，将线型置为当前。

图 5-1-6　线型管理器

（2）调整线型

在 AutoCAD 中，有时加载的线型会因为图形界限与缺省的绘图界线差别较大，在绘图区显示或输出的线型不符合要求，因此需要对线型比例进行调整。

在［格式］菜单下鼠标左键单击［线型］命令，弹出［线型管理器］对话框，或鼠标左键单击［特性］工具栏中的［线型控制］下拉箭头中的［其他］按钮执行相同命令。鼠标左键单击右上角的［显示细节］按钮，［线型管理器］对话框下方则出现［详细信息］栏，在［详细信息］栏中调整［全局比例因子］的参数值，即可完成线型比例的调整。比例值越大，线型中的要素越大。

7. 图层线宽的设置

线宽是在绘图区显示或打印输出时控制图形中线的宽度。在图形中，可以通过线宽的不同来区分图纸中各部分的结构，方便读图。

（1）设置线宽

① 在［图层特性管理］对话框中，鼠标左键单击［线宽］ ── 默认 按钮，弹出［线宽］对话框，如图5-1-7，根据需要选择相应的线宽。

② 在［格式］-［线宽］-［线宽设置］对话框中，如图5-1-8，根据需要选择相应的线宽。

③ 在［特性］工具栏-［线宽控制］下拉列表框中，如图5-1-9，根据需要选择相应的线宽。

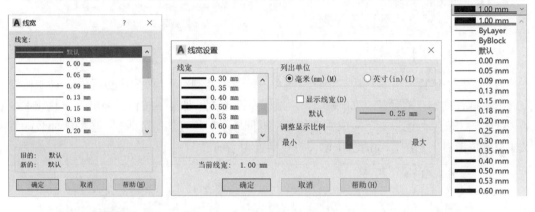

图5-1-7　线宽　　　　　　图5-1-8　线宽设置　　　　　图5-1-9　线宽列表

（2）显示线宽

完成线宽设置后，绘图区中的图形不会直接显示线宽。在AutoCAD 2020中，界面右下角［自定义］ ☰ 按钮处单击鼠标左键，勾选［线宽］ ✓线宽 命令，［线宽］ ☰ 按钮即在［状态栏］显示，当呈现蓝色状态即开启线宽，绘图区中图形的线宽即可显示。另外，也可以勾选［线宽设置］对话框中的［显示线宽］复选框，开启显示线宽命令。

任务5-2　图　块

一、图块的意义和特点

在AutoCAD中，图块是由一个或多个对象组合而成的整体，对象具有各自的图层、线型、线宽等特性。在应用时作为一个独立的、完整的图形对象来操作，可以根据需要按一定比例、角度插入到图形中。

在绘图时正确使用图块可以提高绘图速度，有效更新图形，方便修改。图块的修改具有关联性，如果对当前图形中的图块进行了修改，并以同一名称重新定义图块，那么原来插入的所有同名称的图块都会改变。

定义图块时一般要在0层上创建，颜色、线型和线宽等特性都是透明的。在其他图层被引用时，会默认使用该图层的特性，否则需要分解后再搬到 0 层上重新定义。

二、图块的分类

在 AutoCAD 中，图块包括内部块和外部块。

内部块指只能在创建图块的文件中使用的图块，在其他文件中不能调用该图块。

外部块是指既能在创建图块的文件中使用该图块，也能在其他文件中调用该图块。

三、创建块和插入块

1. 创建内部块

（1）启动方法

① 菜单栏：［绘图］-［块］-［创建］

② 绘图工具栏：

③ 命令行：Block

④ 快捷键：B

（2）操作步骤

① 启动命令，调出［块定义］对话框，如图 5-2-1；

② ［名称］输入块名称；鼠标左键单击［拾取点］按钮，在绘图区指定插入点，回车，返回［块定义］对话框；鼠标左键单击［选择对象］按钮，在绘图区选取块定义的对象，回车；

③ 返回［块定义］对话框，鼠标左键单击［确定］按钮，完成操作。

图 5-2-1　块定义

2. 创建外部块

（1）启动方法

① 命令行：WBlock

② 快捷键：W

（2）操作步骤

① 启动命令，调出［写块］对话框，如图 5-2-2。

② 鼠标左键单击［拾取点］按钮，在绘图区指定插入点，回车，返回［写块］对话框；鼠标左键单击［选择对象］按钮，在绘图区选取块定义的对象，回车，返回［写块］对话框；鼠标左键单击［文件名和路径］处按钮，指定文件名和保存路径。

③ 鼠标左键单击［确定］按钮，完成操作。

3. 插入块

（1）启动方法

① 菜单栏：［插入］-［块选项板］

② 命令行：Insert

③ 快捷键：I

（2）操作步骤

① 启动命令，调出［块］选项板，如图 5-2-3。

图 5-2-2　写块

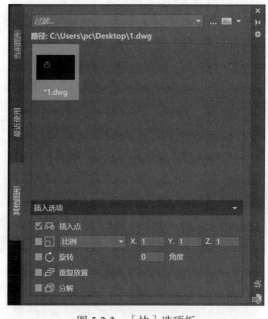

图 5-2-3　［块］选项板

② 利用［过滤…］命令中 ▇▇▇ 按钮，选择内部块或外部块。

③ 可以在［块］选项板中用输入参数的方法，指定插入点、缩放比例、旋转角度等。

④ 鼠标左键单击［块］选项板中选定的块，在绘图区中单击，即可完成插入块的操作。

四、创建带属性的块

1. 命令功能

带属性的块是指创建带有附加信息的块。这些附加信息主要指块上的文本说明，用于表示块的非图形信息。

2. 启动方法

（1）菜单栏：［绘图］-［块］-［定义属性］
（2）命令行：Attdef
（3）快捷键：ATT

3. 操作步骤

（1）启动命令，调出［属性定义］对话框，如图 5-2-4，包括［模式］、［属性］、［插入点］、［文字设置］、［在上一个属性定义下对齐］等选项组。

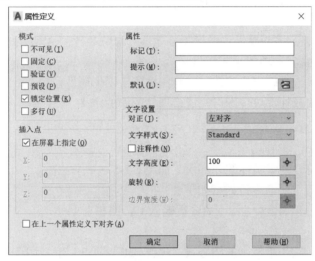

图 5-2-4　属性定义

①［模式］选项组

［不可见］复选框：选中该复选框，属性在图中不可见。

［固定］复选框：选中该复选框，属性为定值，该定值在定义属性时已经确定为一个常量，插入图块该属性值将保持不变。

［验证］复选框：选中该复选框，表示在插入图块时，系统会对用户输入的属性值提出验证要求。

［预设］复选框：选中该复选框，表示在定义属性时，系统要求用户为块指定一个初始值为属性值。不勾选，表示不预设初始值。

［锁定位置］复选框：取消锁定位置复选框，属性在块中的位置是可变的，当选中块时，就会出现两个夹点，拖动夹点即可改变属性在块中的位置。

［多行］复选框：选中该复选框，表示文字属性不能再改回"单行"，不能在文字编辑中作任何修改，一旦修改，所有的格式信息将全部丢失。

②［属性］选项组

［标记］文本框：识别图形中每次出现的属性，必须填写，不允许空缺。可以使用任何字符组合（空格除外）输入属性标记，系统将小写字母更改为大写字母。

［提示］文本框：指定在插入包含属性定义的块时显示的提示，如果不输入提示，属性标

记将用作提示。

［默认］文本框：指定默认的属性值。

③［插入点］选项组

确定属性文本在块中的插入位置。选择［在屏幕上指定］复选框，允许用户用鼠标左键在绘图区内选择一点作为属性文本的插入点；不选择［在屏幕上指定］复选框，可以在［X］、［Y］、［Z］文本框中输入插入点的坐标值。

④［文字设置］选项组

［对正］下拉列表框：确定属性文本相对于插入点的对齐方式。

［文字样式］下拉列表框：通过文字标注样式的设置，选择属性文本的样式。

［文字高度］文本框：确定属性文本的字体高度。

［旋转］文本框：确定属性文本的旋转角度。

⑤［在上一个属性定义下对齐］复选框

勾选该复选框，表示当前属性将继承上一属性的部分参数，如字高、字体、旋转角度等。此时插入点选项组和文字选项组呈灰色显示。

（2）鼠标左键单击［确定］按钮，在绘图区指定图形属性位置；

（3）创建内部块或外部块，即可完成带属性的块的定义。

4. 能力拓展

（1）定义标高符号为带属性的外部块，如图 5-2-5。

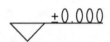

图 5-2-5　右标高

命令行内容如下：

命令：C（命令行输入 C，回车）

Circle

指定圆的圆心或［三点（3P）/两点（2P）/切点、切点、半径（T）］:

指定圆的半径或［直径（D）］<300.0000>: 300（命令行输入 300，回车）

命令：PL（命令行输入 PL，回车）

PLine

指定起点：（捕捉圆形右象限点）

当前线宽为 0.0000

指定下一个点或［圆弧（A）/半宽（H）/长度（L）/放弃（U）/宽度（W）］:（捕捉圆形下象限点）

指定下一点或［圆弧（A）/闭合（C）/半宽（H）/长度（L）/放弃（U）/宽度（W）］:（捕捉圆形左象限点）

指定下一点或［圆弧（A）/闭合（C）/半宽（H）/长度（L）/放弃（U）/宽度（W）］: 1600（向右移动鼠标，输入 1600，回车）

指定下一点或［圆弧（A）/闭合（C）/半宽（H）/长度（L）/放弃（U）/宽度（W）］:（回车，完成图形绘制）

命令：E（命令行输入 E，回车）

Erase

选择对象：找到 1 个

选择对象：（删除圆形）

命令：ATT（命令行输入 **ATT**，回车）

Attdef

指定起点：（[属性定义]对话框中，[标记]输入 **0.000**，[对正]选择右对齐，[文字高度]输入 **300**，鼠标左键单击[确定]，绘图区捕捉图形右端点）

命令：W（命令行输入 **W**，回车）

Wblock 指定插入基点：（在[写块]对话框中鼠标左键单击[拾取点]按钮）

选择对象：（鼠标左键单击图形下部端点）

指定对角点：找到 2 个（在[写块]对话框中鼠标左键单击[选择对象]按钮，选择图形和文字，回车）

选择对象：（在[写块]对话框中指定文件名和保存路径，鼠标左键单击[确定]，完成外部块的定义）

启动插入块名令，在绘图区插入带属性的块，在[编辑属性]对话框中输入[**%%p0.000**]，即完成 **0** 标高的定义和插入。

（2）道路行道树的平面图，如图 5-2-6。

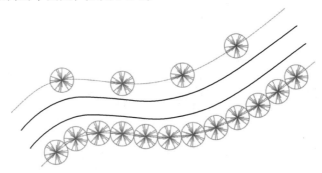

图 5-2-6　道路行道树平面图

命令行内容如下：

命令：按图示绘制样条曲线并复制（如图）

按图示绘制树例（尺寸与道路尺寸要协调）

命令：B（命令行输入 **B**，回车，定义内部块）

Block 指定插入基点：（在[块定义]对话框中输入块名称[**TREE**]，鼠标左键单击[拾取点]按钮，绘图区拾取树例圆心为基点，回车）

选择对象：指定对角点：找到 17 个（在[块定义]对话框中鼠标左键单击[选择对象]按钮，绘图区选取树例，回车，鼠标左键单击[确定]按钮，完成块定义）

命令：_divide（启动[点的定数等分]命令，回车）

选择要定数等分的对象：（选择上面一条样条曲线）

输入线段数目或[块（B）]：b（命令行输入 **B**，回车）

输入要插入的块名：tree（命令行输入 **TREE**，回车）

是否对齐块和对象？[是（Y）/否（N）]<Y>：（回车）

输入线段数目：5（命令行输入 **5**，回车）

命令：MEASURE（启动[点的定距等分]命令，回车）

选择要定距等分的对象:（选择下面一条样条曲线）

指定线段长度或［块（B）]：b（命令行输入 B，回车）

输入要插入的块名：tree（命令行输入 TREE，回车）

是否对齐块和对象?［是（Y）/否（N）]<Y>：（回车）

指定线段长度：200［命令行输入等分距离（等分距离按树例和样条曲线尺寸确定），回车］

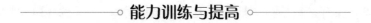

能力训练与提高

按要求绘制建筑平面图，并进行尺寸标注，如图 5-3-1。

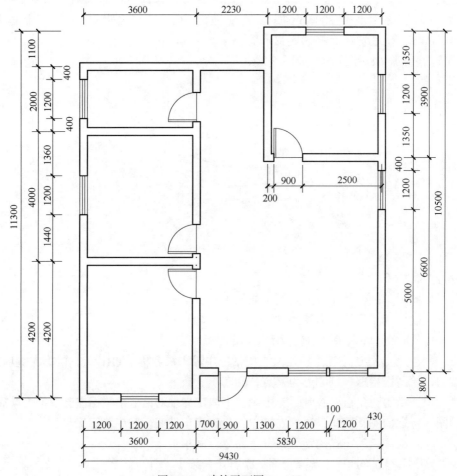

图 5-3-1 建筑平面图 1 : 100

绘制要求：

1. 按下列要求设置图层并用于绘图中。

图层名称	颜色	线型	线宽
墙线	白色	实线	0.6mm
门线	黄色	实线	默认

图层名称	颜色	线型	线宽
窗线	绿色	实线	默认
轴线	青色	虚线	默认
尺寸	洋红	实线	默认

2. 图中门、窗均用块命令创建和插入。

 思考题

1. 图层特性管理器的快捷键是什么？
2. 开关命令和冻结命令有何异同？
3. 怎样设置某一图层上的对象不打印？
4. 如何设置图层的线型和线宽？
5. 如果图层的虚线不显示，该如何设置？
6. 如何显示线宽？
7. 内部块和外部块有何区别？
8. 图纸中的块可以修改吗？如何修改？

项目六
建筑施工图绘制

[学习目标]

  （1）熟悉建筑图纸的组成和绘制步骤；

  （2）熟悉建筑施工图的制图要求与规范；

  （3）掌握建筑平面图和立面图的绘制；

  （4）掌握 AutoCAD 命令在建筑施工图绘制中的综合应用。

[素养目标]

  （1）建筑施工图绘制过程，能培养学生自觉学习与熟悉建筑制图标准的能力；培养学生主动学习新规范、新技术，培养创新发展的能力；培养学生遵守国家建筑法规、标准和严谨负责的态度。

  （2）建筑施工图绘制能够培养学生识图能力、空间思维能力、绘制表达能力，有助于培养学生严谨求实的作风、遵守规范的意识。

[建议学时]　6 学时

任务 6-1　建筑平面图绘制实例

一、建筑平面图的基础知识

  建筑平面图，简称为平面图，是将新建建筑物或构筑物的墙、门窗、楼梯、地面及内部功能布局等建筑情况，以水平投影方法和相应的图例所组成的图纸。建筑平面图是新建建筑物的施工及施工现场布置的重要依据，也是设计及规划给排水、强弱电、暖通设备等专业工程平面图和绘制管线综合图的依据。

1. 建筑平面图的含义

  建筑平面图是建筑施工图的基本样图，它是假想用一水平的剖切面沿门窗洞位置将房屋剖切后，对剖切面以下部分所作的水平投影图。它反映出建筑的平面形状、大小和布置；墙、柱的位置、尺寸和材料；门窗的类型和位置等。

  对于多层建筑，一般应每层有一个单独的平面图，但一般建筑常常是中间几层平面布置完全相同，这时就可以省掉几个平面图，只用一个平面图表示，这种平面图称为标准层平面图。

2. 建筑平面图的内容

（1）建筑物及其组成房间的名称、尺寸、定位轴线和墙壁厚等；

（2）走廊、楼梯位置及尺寸；

（3）门窗位置、尺寸及编号，门的代号是 M，窗的代号是 C。在代号后面写上编号，同一编号表示同一类型的门窗，如 M-1、C-1；

（4）台阶、阳台、雨篷、散水的位置及细部尺寸；

（5）室内地面的高度；

（6）首层地面上应画出剖面图的剖切位置线，以便与剖面图对照查阅。

3. 建筑制图国家标准的基本规定

（1）比例

依据《房屋建筑制图统一标准》（GB/T 50001—2017），建筑专业、室内设计专业制图选用的比例应如表 6-1-1 所示。

表 6-1-1　比例

图名	比例
建筑物或构筑物的平面图、立面图、剖面图	1∶50、1∶100、1∶150、1∶200、1∶300
建筑物或构筑物的局部放大图	1∶10、1∶20、1∶25、1∶30、1∶50
配件及构造详图	1∶1、1∶2、1∶5、1∶10、1∶15、1∶20、1∶25、1∶30、1∶50

（2）图幅

图纸的幅面是指图纸的大小。图纸幅面及图框尺寸应符合相关规定，见表 6-1-2。图框的格式有横式和立式两种，以短边作为垂直边称为横式，以短边作为水平边称为立式，如图 6-1-1。

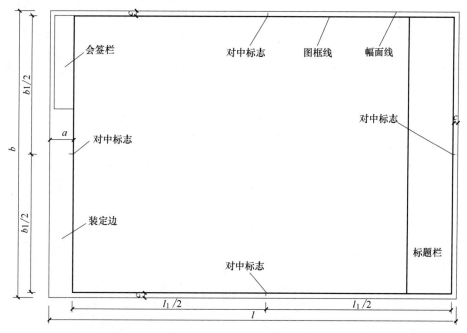

图 6-1-1　A0-A3 横式幅面

表 6-1-2　图纸幅面及图框尺寸

幅面代号	A0	A1	A2	A3	A4
尺寸（$b \times l$）	841×1189	594×841	420×594	297×420	210×297
c		10			5
a			25		

（3）图线

建筑制图采用的图线分为实线、虚线、单点长画线、双点长画线、折断线和波浪线六类，其中前四类线型按宽度不同又分为粗、中粗、中、细四种，后两类线型一般均为细线。

图线的宽度，宜从 1.4mm、1.0mm、0.7mm、0.5mm、0.35mm、0.25mm、0.18mm、0.13mm 线宽系列中选取。

图线的要求：

① 同一张图纸内，相同比例的各个图样，应选用相同的线宽组；

② 同一种线型的凸显宽度应保持一致，图线接头处要整齐，不要留有空隙；

③ 虚线、点画线的线段长度间隔宜各自相等；

④ 点画线的两端不应是点；各种图线彼此相交处，都应画成线段，而不是间隔或点；虚线为实线的延长线时，两者之间不得连接，应留有空隙；

⑤ 图线不得与文字、数字或符号重叠、混淆；不可避免时，应首先保证文字的清晰。

建筑设计采用的图线执行《房屋建筑制图统一标准》（GB/T 50001—2017）相关规定，见表 6-1-3、表 6-1-4。

表 6-1-3　线宽组

线宽比	线宽组			
b	1.4	1.0	0.7	0.5
0.7b	1.0	0.7	0.5	0.35
0.5b	0.7	0.5	0.35	0.25
0.25b	0.35	0.25	0.18	0.13

表 6-1-4　图线

名称		线型	线宽	用途
实线	粗		b	主要可见轮廓线
	中粗		0.7b	可见轮廓线
	中		0.5b	可见轮廓线
	细		0.25b	可见轮廓线、图例线等
虚线	粗	3～6 ≤1	b	见各有关专业制图标准
	中粗		0.7b	不可见轮廓线
	中		0.5b	不可见轮廓线、图例线等
	细		0.25b	不可见轮廓线、图例线等
单点长画线	粗	≤3 15～20	b	见各有关专业制图标准
	中		0.5b	见各有关专业制图标准
	细		0.25b	假想轮廓线、成型前原始轮廓线

名称	线型	线宽	用途
折断线	—————⌒—————	0.25b	断开界线
波浪线	～～～～～～	0.25b	断开界线

（4）尺寸标注

建筑平面图中的尺寸标注通常分为定位和定量两种尺寸。定位尺寸是定位轴线间的距离，定量尺寸是指建筑构件的大小。一般包含三道尺寸线，第一道尺寸线是总尺寸；第二道尺寸线是轴线尺寸，用于定位；第三道尺寸线是外墙洞口尺寸，通常是门窗尺寸。这三道是标在建筑轮廓外面的，而详细尺寸通常标在建筑内部和贴近建筑处。

根据相关建筑制图规定，建筑平面图中的尺寸标注一般以毫米（mm）为单位，当使用其他单位进行标注时，需注明所采用的尺寸单位。

二、绘图步骤

1. 设置图层

在 AutoCAD 中打开图层特性管理器（Layer），根据需要设置图层，如图 6-1-2。

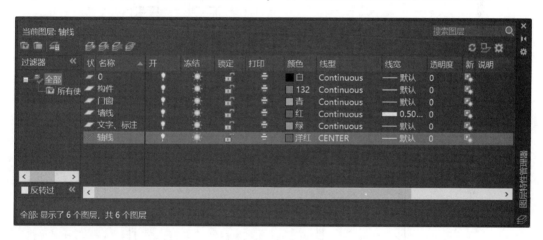

图 6-1-2　设置图层

2. 绘制定位轴线

将轴线层设为当前层，执行直线或构造线命令，按照图纸要求绘制定位轴线位置，如图 6-1-3。

3. 绘制墙线

将墙线层设为当前层。根据轴线，执行多线命令，绘制墙线，空出门窗位置。对墙线进行多线编辑，如图 6-1-4。

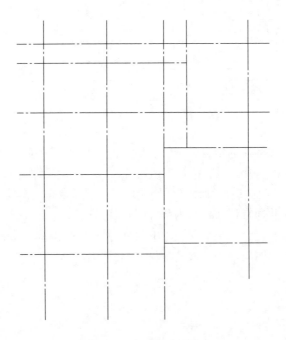

图 6-1-3　绘制定位轴线

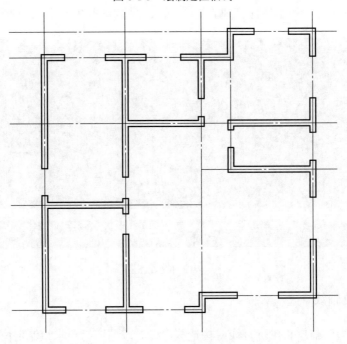

图 6-1-4　绘制墙线

4. 绘制门窗

按照窗线属性，设置多线样式，如图 6-1-5，绘制窗。启动直线、圆弧等命令，绘制门。门窗的绘制可以结合块命令。如图 6-1-6。

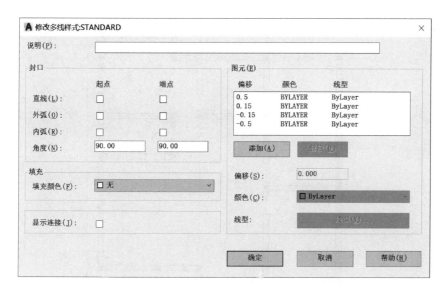

图 6-1-5　设置窗户多线样式

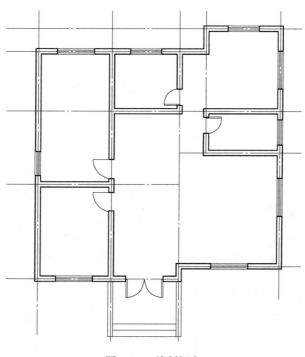

图 6-1-6　绘制门窗

5. 绘制散水等其他构件

设置构件层为当前层。执行直线、偏移等命令，绘制散水、柱子、楼梯等构件，如图 6-1-7。

6. 标注尺寸、轴线符号、文字等

将文字标注层设置为当前层。执行多行文字或单行文字命令，标注文字；执行尺寸标注命令，标注图形尺寸；执行带属性的块命令设置并绘制轴线符号，如图 6-1-8。

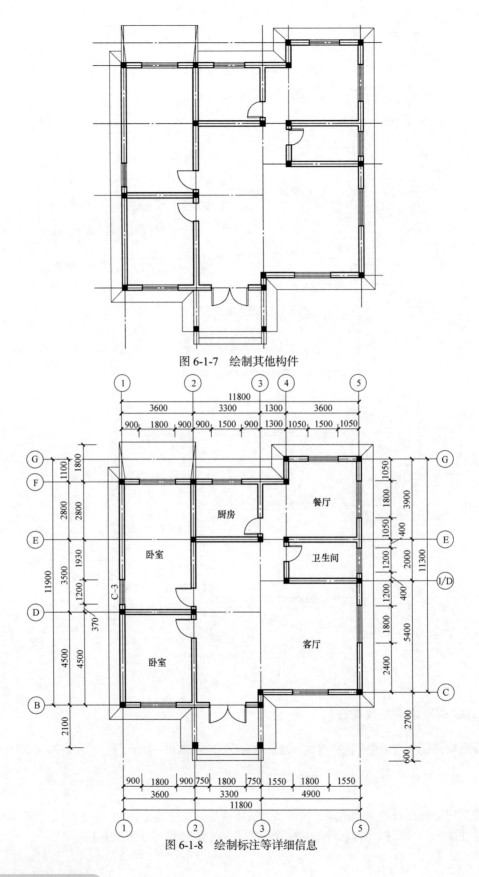

图 6-1-7　绘制其他构件

图 6-1-8　绘制标注等详细信息

7. 图形清理

对图形进行检查，清理和修改细节。执行 REGEN 命令，优化图形显示。

任务 6-2 建筑立面图绘制实例

一、建筑立面图的基础知识

建筑立面图主要是用来表示建筑的立面、轮廓和外墙装修材料及要求等信息。

1. 建筑立面图的含义

建筑立面图是在与房屋立面相平行的投影面上所做的正投影图，简称立面图。反映主要出入口或比较显著地反映出房屋外貌特征的那一面立面图，称为正立面图，其余的立面图相应称为背立面图、左立面图、右立面图；也可按房屋朝向来命名，如南立面图、北立面图、东立面图、西立面图；还可以按首尾轴线来命名，如①-⑧立面图或 A-D 立面图等。若建筑各立面的结构都有差异，应绘出对应立面的立面图来诠释所设计的建筑。

2. 建筑立面图的内容

建筑立面图由墙体、梁柱、门窗、阳台、屋顶等主要构件组成，还应标注建筑主要部位的标高、建筑两端的定位轴线编号以及相应的文字说明等。具体如下：

（1）室外地面线及房屋的勒脚、台阶、花池、门窗、雨棚、阳台、室外楼梯、墙柱、檐口、屋顶、雨水管、墙面分割线等内容；

（2）外墙各主要部位的标高，如室外地面、台阶顶面、窗台、窗上口、阳台、雨篷、檐口、女儿墙顶、屋顶水箱间及楼梯间屋顶等的标高；

（3）注出建筑物两端的定位轴线及其编号；

（4）标注索引编号；

（5）用文字说明外墙面装修的材料及其做法。

3. 建筑制图国家标准的基本规定

（1）线型与线宽

为使立面图外形更清晰，通常用粗实线表示立面图的最外轮廓线，而凸出墙面的雨篷建筑立面图、阳台、柱子、窗台、窗楣、台阶、花池等投影线用中粗线画出，地坪线用加粗线（粗于标准粗度的 1.4 倍）画出，其余如门、窗及墙面分格线、落水管以及材料符号引出线，说明引出线等用细实线画出。

（2）比例与尺寸标注

建筑立面图的比例与平面图一致，常用 1∶50、1∶100、1∶200 的比例绘制。建筑立面图的尺寸标注应满足相关国家标准，标注主要部位的标高，标注应排列整齐，字体规范，出入口

地面标高为 ± 0.000。

二、绘图步骤

1. 设置图层

在 AutoCAD 中打开图层特性管理器（Layer），根据需要设置图层，如图 6-2-1。

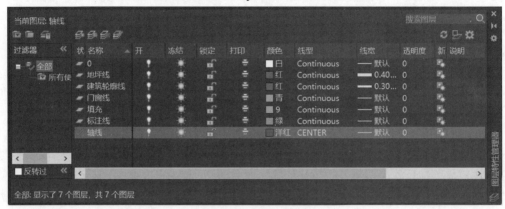

图 6-2-1　设置图层

2. 绘制轴线

执行直线命令，依据平面图，绘制轴线，如图 6-2-2。

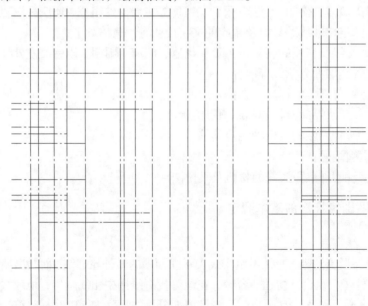

图 6-2-2　绘制轴线

3. 绘制地坪线及建筑轮廓线

执行直线命令，根据轴线，绘制出地平线、散水、建筑轮廓线及屋顶等，如图 6-2-3。

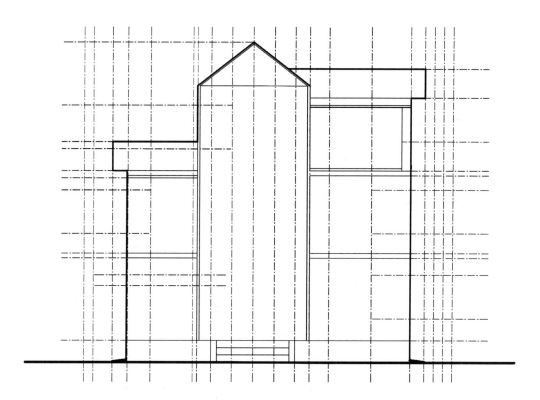

图 6-2-3　地坪线及建筑轮廓线

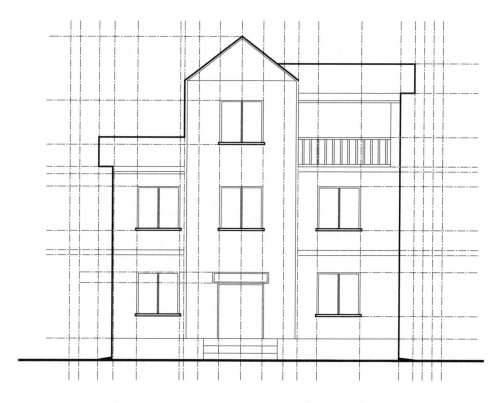

图 6-2-4　绘制门窗等结构线

4. 绘制门窗等构件

执行直线命令，根据轴线，绘制出门窗、阳台栏杆等结构线，如图6-2-4。其中，窗户绘制好后可结合图块命令来进行复制粘贴。

5. 填充建筑材料，进行相关标注

执行图案填充命令，对主要部分建筑材料进行填充，丰富建筑立面。

执行线型标注、连续标注等命令，对建筑立面进行主要尺寸的标注；绘制标高符号并定义带属性的块，进行标高标注；执行多行文字命令，标注建筑材料。如图6-2-5。

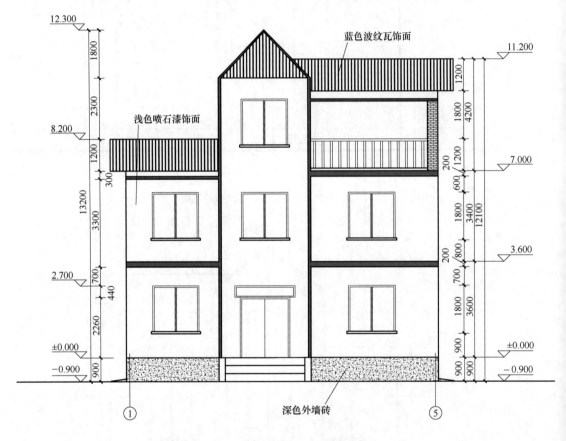

图6-2-5　标注尺寸、标高及文字说明

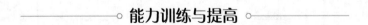

能力训练与提高

按图示尺寸绘制建筑平面图、立面图，如图6-3-1~图6-3-3。

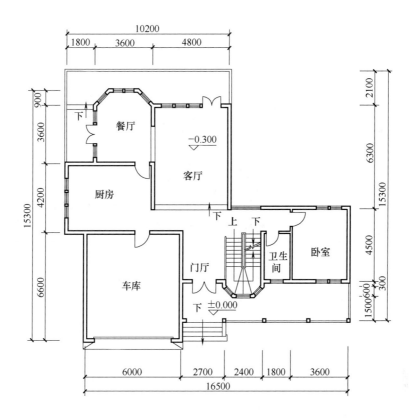

图 6-3-1　建筑一层平面图

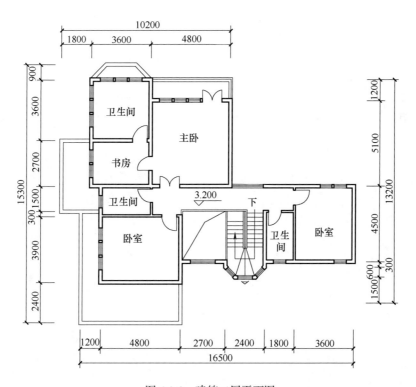

图 6-3-2　建筑二层平面图

图 6-3-3　建筑南立面图

思考题

1. 建筑平、立面图绘制的规范有哪些？
2. 绘制建筑平面图的步骤是什么？
3. 图层在绘制建筑施工图中有什么作用？
4. 绘制建筑施工图时辅助线有什么作用？

项目七
园林设计平面图绘制

[学习目标]

（1）熟悉园林设计图纸的组成和绘制步骤；

（2）熟悉园林设计平面图的制图要求与规范；

（3）掌握 AutoCAD 命令在绘制园林设计图中的综合应用，掌握快捷键的使用和绘图技巧。

[素养目标]

（1）园林设计图纸绘制过程，培养学生的识图能力和图纸表达能力，促进学生艺术审美能力的提升。

（2）园林设计图纸绘制方法的讲述，能够增强学生对园林图纸设计能力的表现和提高，增强学生熟练运用所学知识解决实际问题的能力，增强规范意识。

[建议学时] 6 学时

任务 7-1　园林设计平面图概述

园林设计平面图是园林总体规划图的简称，是表现一个区域范围内园林总体规划设计的内容，反映了组成园林各个部分之间的平面关系及长宽尺寸，是反映园林工程总体设计意图的主要图纸，也是绘制其他图纸的依据。

一、园林设计平面图内容

园林设计平面图是整个规划区域范围内各要素及周围环境的水平正投影图。在平面图上应反映出地形现状、山石水体、道路系统、植物种植位置、建筑物位置等。主要包括：

① 图名、图框；

② 比例尺、指北针、图例；

③ 规划用地现状及规划范围；

④ 场地道路；

⑤ 地形水体；

⑥ 植物种植；

⑦ 建筑小品；

⑧ 设计说明。

二、园林设计平面图绘制的基本规定

园林设计图遵照《风景园林制图标准》（CJJ/T 67—2015）相关规定执行。《风景园林制图标准》要求风景园林规划制图应为彩平图；方案设计制图可为彩图；初步设计和施工图设计制图应为墨线图。

1. 图纸基本要素

图纸基本要素应包括图纸、指北针和风玫瑰图、比例和比例尺、图例、文字说明、规划编制单位名称及资质登记、编制日期等。

制图需用图线、标注、图示、文字说明等形式表达规划设计信息，图纸信息排列应整齐，表达完整、准确、清晰、美观。

制图中所用的字体应统一，同一图纸中文字字体种类不宜超过两种，应使用中文标准简化汉字，不宜使用美术字体。数字应使用阿拉伯数字的标准体或书写体，英文应使用印刷体或书写体等。

2. 比例

方案设计图纸常用比例一般分为两种类型，一是当绿地规模≤50hm² 时，常用比例为1：500、1：1000；二是当绿地规模>50hm² 时，常用比例为1：1000、1：2000。

初步设计和施工图常用比例见表 7-1-1。

表 7-1-1　初步设计和施工图常用比例

图纸类型	初步设计图纸常用比例	施工图图纸常用比例
总平面图	1：500、1：1000、1：2000	1：200、1：500、1：1000
分区图	—	可无比例
放线图、竖向设计图、种植设计图	1：500、1：1000	1：200、1：500
建筑、构筑物、山石、园林小品设计图	1：50、1：100	1：50、1：100
做法详图	1：5、1：10、1：20	1：5、1：10、1：20

任务 7-2　园林设计平面图绘制实例

绘制园林设计平面图（图 7-2-1）步骤与建筑平面图基本相似，具体可参见图 6-3-1。

（1）设置图层；

（2）绘制道路、广场、绿地、水体边界；

（3）填充材质；

（4）植物种植；

（5）绘制小品；

（6）绘制指北针、比例尺等；

（7）整理图纸，清理多余的图形。

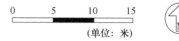

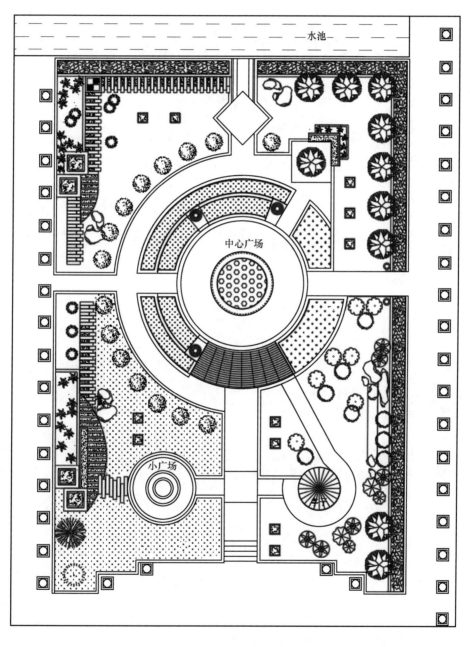

图 7-2-1　园林设计平面图

按比例绘制某广场平面图，如图 7-3-1。

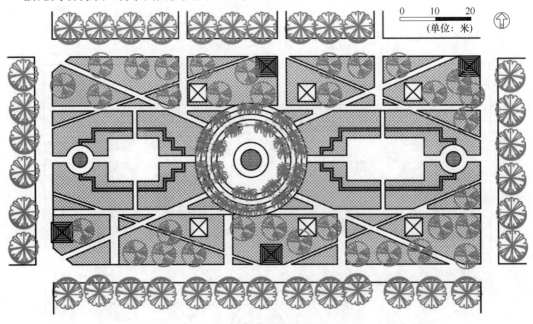

图 7-3-1　某广场平面图

◦──── 思考题 ────◦

1. 园林设计总平面图内容有哪些？
2. 方案设计图纸常用比例有哪些？
3. 初步设计图纸常用比例有哪些？
4. 园林设计总平面图的步骤是什么？
5. 试想一下，园林设计总平面图描图该如何进行？

项目八
室内设计施工图绘制

[学习目标]

（1）熟悉室内设计施工图的组成和绘制步骤；

（2）熟悉室内设计施工图的制图要求与规范；

（3）掌握 AutoCAD 命令在绘制室内设计施工图中的综合应用和绘图技巧。

[素养目标]

（1）在室内设计施工图绘制中，使学生掌握制图要求和规范，熟悉绘制步骤，培养学生精益求精、一丝不苟的工匠精神。

（2）室内设计施工图的绘制要求学生熟练运用 AutoCAD 软件的各种命令，并学会自主选择更为准确、便捷、适于自己的绘图技巧，培养学生自主创新的意识。

（3）方案设计阶段注重培养学生的小组合作能力，通过图纸设计、探讨、绘制，不断提高学生的团队协作精神和人际交往、沟通能力。

[建议学时] 6 学时

任务 8-1　室内设计平面图绘制实例

室内设计施工图一般包括以下图纸：平面图、立面图、节点大样详图以及配套专业图纸（水、电等相关配套专业图纸）。

一、室内设计平面图概述

室内设计平面图，又称平面图，是假想沿门窗洞的位置将房屋剖开切面，从上向下做投射在水平投影面上所得到的图样。剖切面从下向上做投射在水平投影面上所得到的图样即为天花平面图，也称吊顶布置图。一般将天花平面图在水平方向的投影与平面图的方向和外轮廓保持一致。室内平面图主要表示空间的平面形状、内部分隔尺度、地面铺装、家具布置、天花灯位等。

室内平面设计从建筑功能分区和装饰艺术创新等角度出发，对室内空间进行合理利用，明确各空间中的陈设、家具、灯具、绿化以及设备的位置和要求。室内平面设计应参照《人体工程学》的尺度要求，在平面布置设计时，一定要满足人的活动行为规律所需要的空间尺度。

二、平面方案图绘制实例

室内设计平面图包括平面方案图、地面铺装图、吊顶布置图等。

平面方案图（图 8-1-1）的绘制参见"任务 6-1 建筑平面图绘制实例"规范。在建筑平面图绘制的基础上，依据室内空间来进行家具布置。主要包括客厅的沙发、茶几、电视柜等；卧室的床和衣柜等；厨房的橱柜、家电等；餐厅的餐桌、椅、置物架等；卫生间的洗手台、马桶、淋浴设施等。

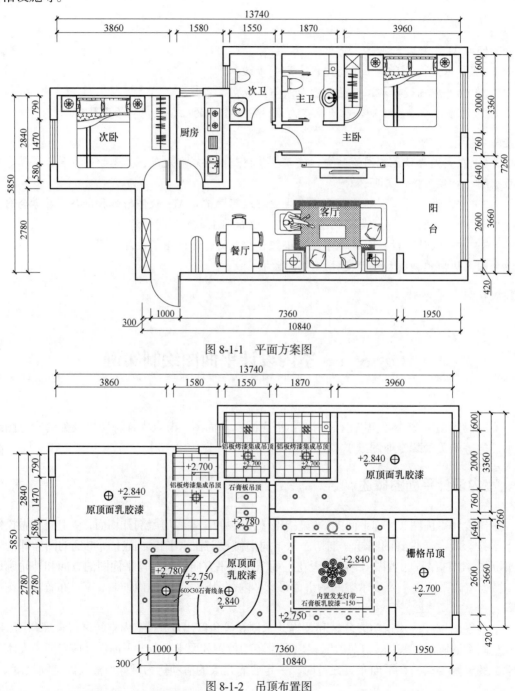

图 8-1-1 平面方案图

图 8-1-2 吊顶布置图

家具可以自行设计，也可以从图库调取，但一定要按比例绘制。

三、吊顶布置图绘制实例（图 8-1-2）

任务 8-2　室内设计立面图绘制实例

一、室内设计立面图概述

室内设计立面图，又称立面图，是将室内空间立面在与之平行的投影面上的投影所得到的正投影图。主要是用来表示室内空间内部形状、空间高度、门窗形状高度、四周立面的装修、装饰做法、材料、尺寸等。室内设计立面图一般包括房间的四个立面、剖面、具体部位的装饰详图等。

二、室内设计立面图基本规范要求

1. 比例

室内设计立面图可根据其空间尺度和所要表达的内容深度来确定比例，常用的比例有 1∶25、1∶30、1∶40、1∶50、1∶100 等。

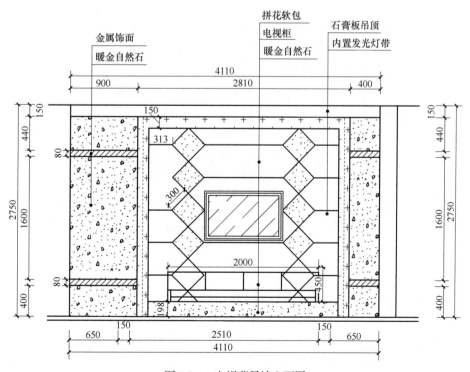

图 8-2-1　电视背景墙立面图

2. 图线

立面轮廓为粗实线，门窗洞、墙体转折等可用中实线，装饰线脚、细部分割线、引线、填充等可用细实线，活动家具及陈设应以虚线表示。

3. 尺寸标注

立面图中的尺寸标注应根据平面图中绘制的尺寸来确定，在图中标注纵向总高及各造型的高度。

三、室内设计立面图绘制实例（图8-2-1、图8-2-2）

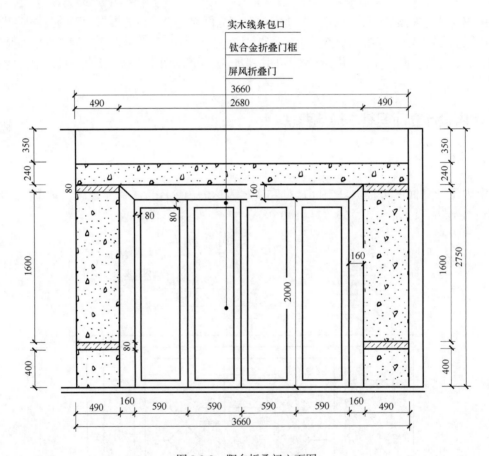

图 8-2-2　阳台折叠门立面图

─○ 能力训练与提高 ○─

一、绘制如图 8-3-1、图 8-3-2 室内平面图。
二、绘制如图 8-3-3、图 8-3-4 立面图。

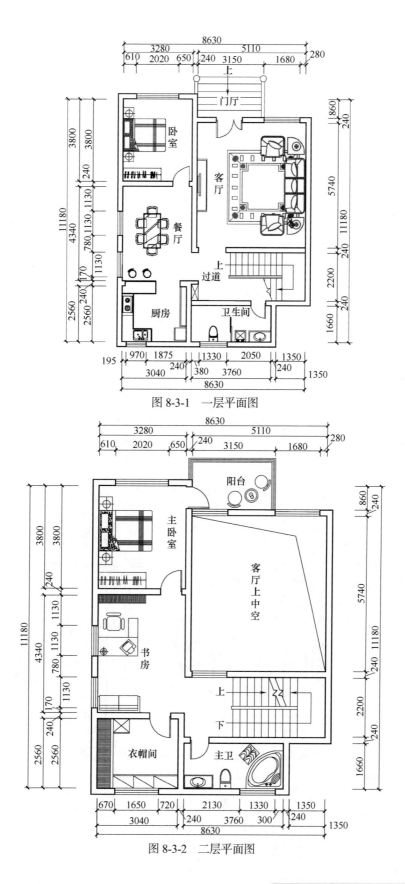

图 8-3-1　一层平面图

图 8-3-2　二层平面图

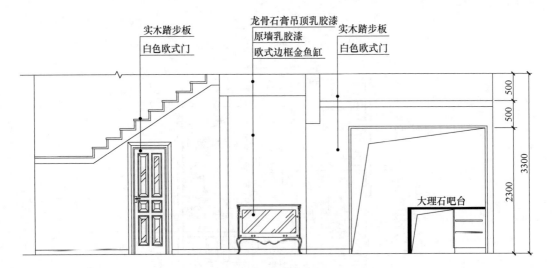

图 8-3-3　一楼过道-厨房立面图

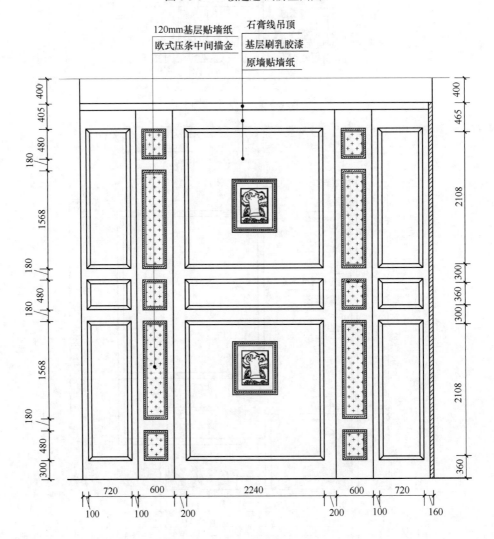

图 8-3-4　客厅沙发背景墙立面图

思考题

1. 室内设计施工图一般包括哪些?

2. 室内设计平面图主要包括哪些图?

3. 室内设计立面图有哪些基本规范要求?

4. 在室内设计施工图中标准入户门洞一般为多少?房间门洞一般为多少?厨房门洞一般为多少?卫生间门洞一般为多少?

5. 在室内设计施工图中沙发和电视机之间应该预留多大的距离?摆放电视机的柜面高度应该是多少才能使观看者保持正确的坐姿?

项目九
图形打印与输出

[学习目标]

（1）了解 AutoCAD 模型空间和布局空间的概念；

（2）掌握模型空间打印的操作方法；

（3）掌握布局空间打印的操作方法；

（4）掌握自动保存与备份文件的方法。

[素养目标]

（1）模型空间和布局空间的概念较为抽象，让学生通过实例操作来理解两者异同，增强学生的思辨能力。

（2）通过教学使学生养成绘图时要主动保存与备份文件的习惯，树立网络安全意识和风险意识。

[建议学时] 2 学时

任务 9-1　模型打印

一、模型空间和图纸空间

AutoCAD 界面状态栏上分布有模型选项版和布局选项版两种。模型空间一般是绘制图形所在的界面，它是虚拟的绘图空间，可以通过图形界限来设定其大小；布局空间侧重于图纸的排版工作。因此，常常在模型空间中绘制和编辑图形，在布局空间中排版打印图形。当然也可以在模型空间中进行图纸打印。

二、安装虚拟打印机和绘图仪

1. AutoCAD 中的打印输出设备

AutoCAD 中的打印输出设备一般分为三类。

（1）系统打印机

AutoCAD 将打印任务交给 Windows，由 Windows 系统控制完成打印。包括常见的打印机和 HP 系列的绘图仪，这类设备的驱动程序由 Windows 或是设备制造商提供，系统打印机可以为 Windows 系统中的其他软件提供服务。

（2）非系统打印机

由 AutoCAD 直接控制完成打印任务，包括非 HP 系列的绘图仪，这类设备仅供 AutoCAD 使用，由 HDI（Heidi®设备接口）非系统驱动程序支持。

（3）文件打印机

由 AutoCAD 直接控制将图形输出为 PostScript、光栅或 DWF 文件，常用的文件格式有 EPS、JPEG、BMP、TGA、TIF。

2. 安装文件打印机驱动

（1）AutoCAD 中的虚拟电子打印机类型

文件打印机并不存在现实的硬件设备，是一种虚拟的电子打印机，是用来将 AutoCAD 图形转换成其他文件格式的程序，比较常用的文件打印机有以下三种。

① Adobe PostScript Level：输出为 EPS 格式，Adobe 的一种矢量图形格式，可以在 Photoshop 等图形处理类软件中打开。

② Autodesk ePlot（PDF）：输出为 PDF 格式，Adobe 的一种电子出版物格式，可以将 Auto CAD 图形嵌入到电子出版物中。

③ Autodesk 电子打印（DWF）：输出为 DWF 格式，Autodesk 的一种网络图形格式，在浏览器中浏览时可以保持 AutoCAD 的图层、缩放、平移等操作特性。

（2）安装步骤

① 鼠标左键单击［文件］菜单-［绘图仪管理器］，弹出［Plotters］文件夹。

② 在［Plotters］文件夹中双击鼠标左键［添加绘图仪向导］（添加绘图仪向导）按钮，在［添加绘图仪-简介］（图 9-1-1）对话框中鼠标左键单击［下一步］；在［添加绘图仪-开始］（图 9-1-2）对话框中选择［我的电脑］单选钮，鼠标左键单击［下一步］；在［添加绘图仪-绘图仪型号］（图 9-1-3）对话框中选择［生产商］、［型号］列表框中需要的类型，鼠标左键单击［下一步］；在［添加绘图仪-输入 PCP 或 PC2］（图 9-1-4）对话框中直接鼠标左键单击［下一步］；在［添加绘图仪-端口］（图 9-1-5）对话框中默认选择［打印到文件］，鼠标左键单击［下一步］；在［添加绘图仪-绘图仪名称］（图 9-1-6）对话框中修改绘图仪名称为［样式 01］，鼠标左键单击［下一步］；在［添加绘图仪-完成］（图 9-1-7）对话框中鼠标左键单击［编辑绘图仪配置］按钮，弹出［绘图仪配置编辑器-样式 01］对话框（图 9-1-8）。

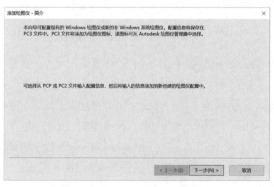

图 9-1-1　添加绘图仪-简介

图 9-1-2　添加绘图仪-开始

图 9-1-3 添加绘图仪-绘图仪型号　　　　图 9-1-4 添加绘图仪-输入 PCP 或 PC2

图 9-1-5 添加绘图仪-端口　　　　　　　图 9-1-6 添加绘图仪-绘图仪名称

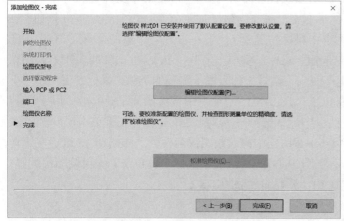

图 9-1-7 添加绘图仪-完成　　　　　图 9-1-8 绘图仪配置编辑器-样式 01

③ 在［绘图仪配置编辑器-样式 01］对话框中，鼠标左键单击［自定义图纸尺寸］，鼠标左键单击［添加按钮］，弹出［自定义图纸尺寸-开始］对话框（图 9-1-9）。

④ 在［自定义图纸尺寸-开始］对话框中鼠标左键单击［下一步］；在［自定义图纸尺寸-介质边界］对话框中设定需要的图纸尺寸（图 9-1-10），鼠标左键单击［下一步］；在［自定义图纸尺寸-图纸尺寸名］对话框中鼠标左键单击［下一步］；在［自定义图纸尺寸-文件名］对话框中鼠标左键单击［下一步］；在［自定义图纸尺寸-完成］对话框中鼠标左键单击［完成］，返回［绘图仪配置编辑器-样式 01］对话框，鼠标左键单击［确定］按钮，完成图纸尺寸设定。返回［添加绘图仪-完成］对话框，鼠标左键单击［完成］按钮。

| 图 9-1-9 自定义图纸-开始 | 图 9-1-10 自定义图纸尺寸-介质边界 |

三、模型空间打印

鼠标左键单击［文件］菜单-［打印］（Ctrl+P），弹出［打印-模型］对话框（图 9-1-11）；按图示步骤设置相应参数，进行模型空间图纸打印输出。

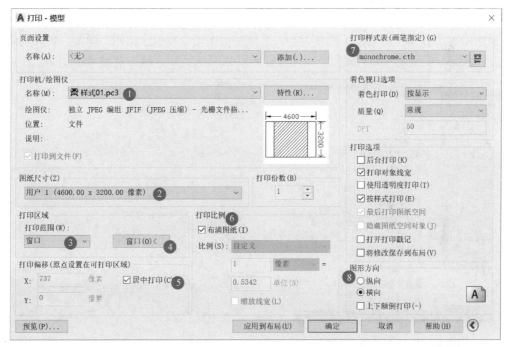

图 9-1-11　打印-模型

> **提示:**
> （1）［打印机/绘图仪］里的［名称］可根据所需打印图纸的类型选择，也可以选择前面自定义的虚拟打印机样式；如果选择了自定义的虚拟打印机样式［样式01］，那么在［图纸尺寸］下拉菜单里可以找到已经设定好的图纸尺寸［用户1（4600.00×3200.00 像素）］。
> （2）［打印范围］选择［窗口］，鼠标左键单击右侧［窗口］按钮，返回模型空间，将需要打印的图形包围在选取框内部。
> （3）AutoCAD 打印的图形一般为黑白线稿，所以需要在［打印样式表］下拉菜单中选择

［monochrome.ctb］命令，并将此打印样式表指定给所有布局。

（4）［图形方向］需根据图纸内容来确定［纵向］或者［横向］。

任务 9-2　布局打印

布局，类似一张图纸，是图纸空间的绘图环境，包括图纸的尺寸、图形、说明文字以及图框的摆放位置。在 AutoCAD 图纸空间可以创建一个或多个布局。每个布局空间就如同要输出的一张设计图纸，一个设计可以有大小不同多个布局，也就是可以输出多张尺寸不同的设计图纸。

一、设置图纸尺寸

鼠标左键单击［布局 1］选项卡，进入图纸空间。图纸上的黑色虚线内是可以打印的范围。鼠标右键单击［布局 1］选项卡，在快捷菜单中选择［页面设置管理器］（图 9-2-1），弹出［页面设置管理器］对话框（图 9-2-2），鼠标左键单击［修改］按钮，弹出［页面设置-布局 1］对话框，按照图 9-2-3 所示步骤设置打印机和图纸尺寸，鼠标左键单击［确定］。

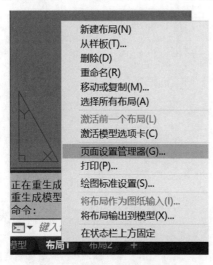

图 9-2-1　布局-页面设置管理器

图 9-2-2　页面设置管理器

二、设置布局空间

1. 插入图框

鼠标左键单击［模型］选项版，返回模型空间，选择绘制好的 A3 图框，执行［复制］（Ctrl+C）命令，鼠标左键单击［布局 1］选项版，在布局空间中执行［粘贴］（Ctrl+V）命令，将图框插入到布局中。

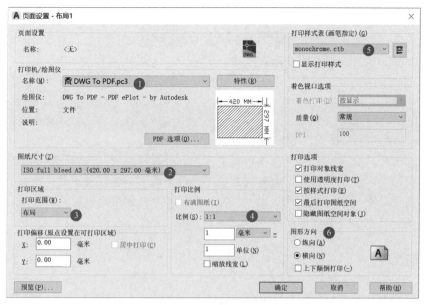

图 9-2-3　页面设置-布局 1

2. 设置视口

将［布局 1］窗口中的视口线调整到合适尺寸，在视口线内部双击鼠标左键，观察到该视口的框线变为粗线，视口激活成为当前视口，并且进入浮动模型空间，用视图缩放、平移的方

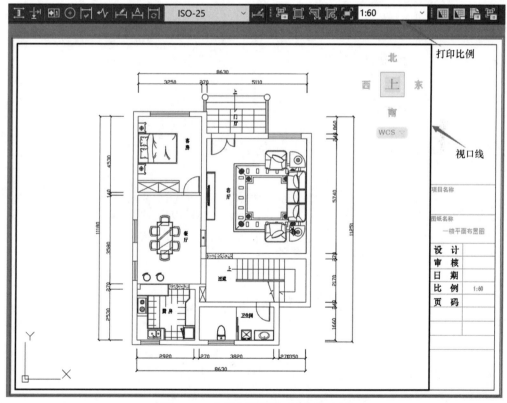

图 9-2-4　布局中调整视口和打印比例

法将图形缩放到合适大小，在［视口］工具栏上的［视口缩放控制］下拉菜单中选择合适的比例或手动输入比例（图9-2-4）。在视口框线外双击鼠标左键，可将视口还原，即从浮动模型空间回到图纸空间，这时视口框线变回到细线。

如一幅图中有多个图纸比例，可以通过添加多个视口来进行设置。视口线如果不需打印，则可在图层中进行相应设置。

提示:

浮动模型空间是在激活视口中模拟的模型空间，可在视口中"飞回"模型空间，进行图形绘制、修改等操作。比例调整要考虑两个因素：图形周围要留出一定的空白，用于放置尺寸标注、说明文字、苗木表等对象；常用比例可参照《房屋建筑制图统一标准》（GB/T 50001—2017）。

三、打印输出

鼠标左键单击［文件］菜单-［打印］（Ctrl+P），弹出［打印-布局1］对话框（图9-2-5），鼠标左键单击［预览］按钮，进入图形预览模式。检查图形是否符合打印要求，如果符合，则可以单击鼠标右键，在快捷菜单中选择［打印］来输出图形；如不符合，则可以单击鼠标右键，在快捷菜单中选择［退出］返回到［打印-布局1］对话框中，重新进行相应的参数设置与调整。

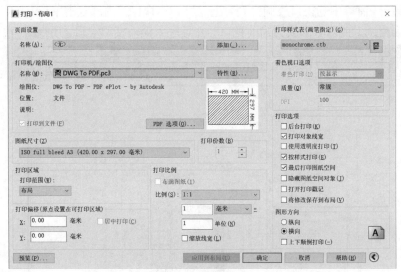

图9-2-5　打印-布局1

任务9-3　自动保存与备份文件

一、自动保存

在绘图过程中每隔一段时间 AutoCAD 会将当前图形自动保存为一个临时文件，以*.sv$命名，这种临时文件在图形文件正常关闭后被自动删除，而在意外断电等情况下会保持下来，可使用 Windows 的搜索功能找到这个文件，将文件名更改为*.dwg 后在 AutoCAD 中打开。

自动保存间隔系统默认设置为 10min。如需调整自动保存间隔时间可以进行以下操作：［工具］-［选项］-［打开和保存］-［文件安全措施］-［自动保存］复选框处修改［保持间隔分钟数］。

二、备份文件

在 AutoCAD 中新建或打开一个图形文件，在每次存盘操作时 AutoCAD 先将存盘前的图形状态存储为一个备份文件*.bak，这个文件与当前图形文件存储在同一路径，主文件名相同，而扩展名为 bak（backup 的缩写），这个备份文件不会被自动删除，如果图形文件意外损坏，可将备份文件的扩展名更改为 dwg，在 AutoCAD 中打开。

提示：
自动保存和备份文件是为减少意外损失而设置的功能，不要有依赖心理，要养成在绘图过程中经常存盘的良好习惯，避免意外损失。

◦ 能力训练与提高 ◦

绘制图形，按图 9-4-1 进行布局设置，并将其打印输出。

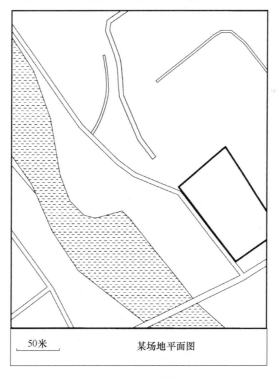

50米　　　　某场地平面图

图 9-4-1　布局设置

1. 图纸空间与模型空间有什么异同?
2. 如何在模型空间打印图框?
3. 如何将不同比例的图形在同一张图纸上打印出来?

附录

AutoCAD主要快捷键

A	ARC	画弧	ML	MLINE	画多线
AL	Align	对齐缩放	O	OFFSET	偏移
AA	AREA	测量面积	OP	OPTIONS	系统设置
AR	ARRAY	阵列	P	PAN	视图平移
B	BLOCK	定义图块	PL	PLINE	多段线
BR	BREAK	打断	RE	REGEN	重新生成
C	CIRCLE	画圆	REC	RECTANGLE	画矩形
CHA	CHAMFER	倒斜角	RO	ROTATE	旋转
CO	COPY	复制	S	STRETCH	拉伸
D	DIMSTYLE	设置标注样式	SC	SCALE	缩放
DAL	DIMALIGNED	对齐标注	SPL	SPLINE	样条曲线
DAN	DIMANGULAR	角度标注	ST	STYLE	设置文字样式
DBA	DIMBASELINE	基线标料	T	MTEXT	多行文字
DCE	DIMCENTER	圆心标注	TR	TRIM	修剪
DCO	DIMCONTINUE	连续标注	Z	ZOOM	视图缩放
DDI	DIMDIAMETER	直径标注	ray	ray	单向射线
DED	DIMEDIT	标注编辑	XL	XLINE	构造线
DI	DIST	测量距离		CTRL+SHIFT+V	粘贴为块
DIV	DIVIDE	等分	XP、X	EXPlode	炸开
DLI	DIMLINEAR	线性标注		[CTRL]+1	PROPERTIES(修改特性)
DRA	DIMRADIUS	半径标注		[CTRL]+S	SAVE（保存文件）
E	ERASE	删除		[CTRL]+Z	UNDO（放弃）
ED	DDEDIT	修改注释对象		[CTRL]+O	OPEN（打开文件）
EL	ELLIPSE	画椭圆		[CTRL]+N	NEW（新建文件）
EX	EXTEND	延伸到		[CTRL]+P	PRINT（打印文件）
J	join	合并		[CTRL]+X	CUTCLIP（剪切）
F	FILLET	倒圆角		[CTRL]+C	COPYCLIP（复制）
G	GROUP	成组		[CTRL]+V	PASTECLIP（粘贴）
H	HATCHEDIT	图案填充编辑	[F1]	HELP（帮助）	
I	INSERT	插入块	[F2]	文本窗口	
IMP	IMPORT	导入	[F9]	[CTRL]+B	SNAP（栅格捕捉）
L	LINE	画线	[F3]	[CTRL]+F	OSNAP（对象捕捉）
LE	QLEADER	快速导引线标注	[F7]	[CTRL]+G	GRID（栅格）
M	MOVE	移动	[F8]	[CTRL]+L	ORTHO（正交）
MA	MATCHPROP	属性匹配	[F11]	[CTRL]+W	（对象追踪）
MI	MIRROR	镜像	[F10]	[CTRL]+U	（极轴）

参考文献

［1］ 洪锦燕，姬栋宇，涛丽.AutoCAD 建筑绘图教程［M］.上海：同济大学出版社，2019.

［2］ 刘亮. 建筑工程 CAD［M］.上海：同济大学出版社，2015.

［3］ 李祎博，汤敏捷，周明欣. 建筑 CAD［M］.北京：科学技术文献出版社，2018.

［4］ 丁莉栋. 计算机制图（CAD）［M］.北京：测绘出版社，2013.

［5］ 邓学雄，江晓红，梁圣复，等. 建筑图学［M］.2 版.北京：高等教育出版社，2015.

［6］ 田学哲，郭逊. 建筑初步［M］.4 版.北京：中国建筑工业出版社，2019.

［7］ 袁国枢，卓秋梅，张玉祥. 建筑力学［M］.北京：科学技术文献出版社，2018.

［8］ 李超，陈军民，梅延伟.AutoCAD 案例实训教程［M］.武汉：湖北科学技术出版社，2012.

［9］ 潘理黎. 环境工程 CAD 应用技术［M］.2 版.北京：化学工业出版社，2015.